An Overview of Houses of Mansion Style
Minimalist Modern Style

豪宅风格大观
极简现代风格

海燕 陶陶 编
北京天潞诚 策划

U0253623

江苏凤凰科学技术出版社

CONTENTS
目 录

光·墅
佘山吉宝御庭别墅

项目档案/Project File

设计单位：IADC涞澳设计/设计总监：潘及/设计团队：路明鑫、唐韫慧/项目地点：上海
项目面积：530平方米

设计说明/Design Description

近山得清幽，佘山吉宝别墅项目无疑是上海这所大都会里十分罕有的建筑，设计师潘及用充满摩登情趣的现代主义打造充满质感的空间，诠释生活与自然的艺术。

时·光潋滟
"空间是捕捉光的容器"，进入室内时，观者大概都会因为那从挑高的天窗荡漾而下并且时刻处在运动中的光线而心生新奇之感，想要一探究竟吧！其实，这是设计师巧借三楼露台游泳池的底部景观，让旖旎的波光透过天窗进入客厅所达到的光影效果。"水总是不断更新的"，保罗·瓦莱里曾如是说。池水的不断运动带来光线的无穷变化，在这种无法预知的自然变化中诞生出灵动之美。与此空间中的自然美学主题相对应，客厅的中央选择悬挂的动态金属艺术作品轻盈灵动，只要轻轻开启一扇窗，在空气的吹拂之下，它就会像风鸣琴一样在室内歌唱起来。作为向自然致敬的抒情之作，当它的金属翅翼微微振动，居所一天之中的旭日与暮霭也随之出现，生命的运动周而复始，最后又回到最初。

化零为整
"光、空气和水"三个自然要素是界定现代主义的有机建筑必不可少的标准，除此之外，"每一个空间还必须由它的结构来界定"。为此，设计师对原户型的空间分隔进行了一些改造，譬如：将一层和地下室的公共区域原本琐碎、保守的格局调整为更宽敞、通透的空间；将一层两处原本分散的楼梯口规整置于同一个天井内，既扩展了可用面积，也利于更多自然光进入地下，由天井围成的地下中庭里的绿植景观也成为融通人居动线的一处视觉中心。

空间结构一经调整，中西分区的开放式厨房布局得以在更完整和宽敞的空间内展开，餐厅也因此有了更贴近自然的景观向位。厨房的立面处理选用大理石进行大面积几何式拼贴，并以富有柔暖光泽的黄铜橱柜饰面作为搭配，让开放式餐厨看上去充满现代主义（Modernism）的设计感和时代特征。

豪宅风格大观 三 极简现代风格

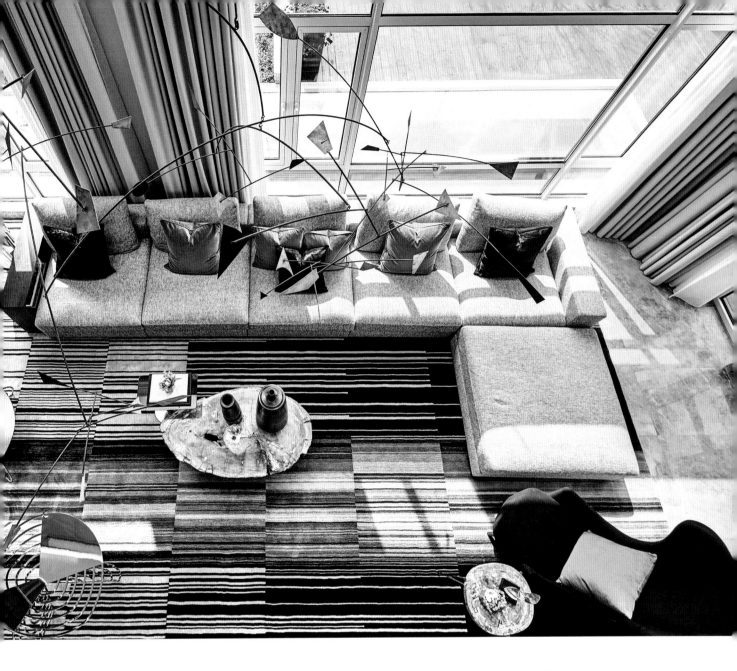

生活与自然的艺术

拾级而上，一对隐身在黑白豹纹图案里的猎豹恍如对诺曼·诺兰优雅考究的经典的再现。设计师为这一小型交流空间量身打造了手绘艺术墙，期待将充满自然野性和生命活力的丰富情感带入空间里。

女孩房内，蝴蝶摄影彩色原作带来柔美、旖旎的自然气息。男孩房则选择悬挂更具力量感的自然与动物的黑白影像，与此契合的是房内的黑白主色基调，由黑色线描图案抽象描绘的墙上置物架、奔跑的孩子的造型，充满童趣和动感。在房间附带的小阳台特别设计了圆形的玻璃天窗，孩子们可以在这里用望远镜观测斗转星移，也可以像欣赏阿根廷安第斯山脉上的博物馆中詹姆斯·特瑞尔的作品《未见蓝色》一样，等待碧空中一只飞鸟的出现。

与公共区域的楼梯处理手法有所区别，三楼楼梯的独立转向设计，让主卧成为更私密的所在。这里设置了舒适的休憩区域和便捷的衣帽间、梳妆间，三楼成为主人夫妇惬意、自由的独处天地。从室内到半室外的晒台、休息区到户外游泳池，形成渐次过渡的景观。春山朗照，夕岚无处，无论时间如何流转，生命的景色和生活的记忆都将永远留驻在此。

地下一层是容纳酒窖、吧台、影音和品酒等功能区域的完美地点。地面配合整体色彩方案，在灰色水磨石地面里镶嵌了无数华丽炫目的金色颗粒。

家具则全部选择圆弧形倒角或者圆形的整体造型，在这个下沉式的宽敞大空间里，营造出轻松而适于畅谈的沙龙氛围。

下沉庭院内纯白色几何立体造型的绿植墙搭配大面积的镜面设计，从而使自然界的阳光和空气悄然进入，成为一处景观绝佳的私人健身场所。

大道无形，和光同尘
保利·和光尘樾

项目档案/Project File

硬装设计：邱德光设计事务所/软装设计：LSDCASA/建筑设计：筑博设计/景观设计：奥雅设计
项目地点：北京

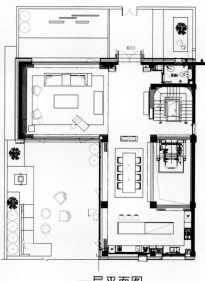

负一层平面图　　　　　　　负二层平面图　　　　　　　一层平面图

设计说明/Design Description

挫其锐，解其纷；和其光，同其尘；是谓玄同。
　　　　　　——《道德经·第五十六章》（老子）

老子说的是真正的"道"，是随俗而处，如光如尘。

我们追溯中外美学史——无论是魏晋时期"初发芙蓉胜过镂金错彩"的自然随性，还是北宋时追求"拙""天真""平淡"的文人品味，或者是日本的"侘寂"风格——不难发现对美的求索历程，有一个"挫其锐""解其纷"，而最终和光同尘的过程。毕加索也曾说，"我14岁时就能画得像拉斐尔一样好，之后我用一生去学习如何像小孩那样画画"。

但这种理念在中国的建筑和居住文化中，好像未被验证。我们的生活总是被一个又一个潮流推动，对表象和形式的追逐好像永远没有尽头，而对财富的认知则不断流转于不同的标签之间，从罗马柱到大理石拼花，再到明椅、字画或串珠。更令人不解的是，对所谓的"设计感"的执念和对其"自以为是"的演绎。

北京保利和光尘樾决意在充斥各种概念的豪宅市场中打造一个用以承载生活而非模仿风格的建筑，让我们看到保利开发及设计团队对城市的关怀和对审美的思考。

而LSDCASA坚持，设计因解决问题而生，这是设计最基础也是最根本的价值所在。基于解决问题的前提，选择性地表达，以此建立情感联系，也就产生了风格。而在这二者之后，设计对时代做出的反思、所输出的价值观，决定了它是高贵还是凡俗。任何迎合市场的做法，本质上都是在致敬财富，终究会被取代，即便戴着诗意或艺术的面具。

建筑为五层别墅，中庭采光天井是垂直贯穿整个居所的采光中心。地下两层规划为容纳主人性格喜好的空间，一层起居空间拥有前后庭院，是建筑最珍贵的资源，二、三层则是家人居住的空间。

设计永远是一个选择的过程，每一次的"取"与"舍"都源于对功能的理解、对价值的抑扬和对美的感知。而我们也在这种选择过程中，逐步形成风格和气质。

一层客餐厅

让空间合理化并在原建筑基础上创造资源是设计需要解决的问题。一层作为这个居所的起居空间，也是我们认识这个家的第一步。本案中的入户花园，形成心理感受上的户外玄关，入户后空间纳入客厅整体，让客厅的面宽在视觉上达到最大化，以此匹配建筑的尺度。本案将南北两个庭院整合起来，作为起居功能空间的延伸，庭院的设计向室内发展，布局上与客餐厅作为整体考虑。

在布局上，用主沙发和大茶几来创造稳定面，产生主次关系和空间节奏。在家具的选择上，要克制演绎和以自我为中心的欲望，使之让位于建筑和空间。

法国艺术家亲手打造的孤品茶几，台面上的三块彩砖可以追溯到 20 世纪 50、60 年代，从一旁的古董单椅可窥探到柯布西耶的影子。那个时代的设计开始转向功能化，卸除不必要的装饰，所有线条都保持克制。

每一处安排都有自己的故事，不招摇却能被吸引、被注意，正是空间充满骄傲的力量来源。

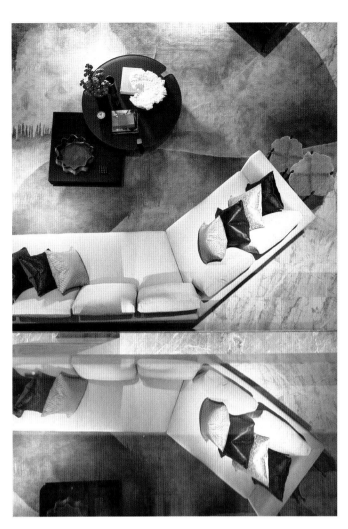

二层平面图

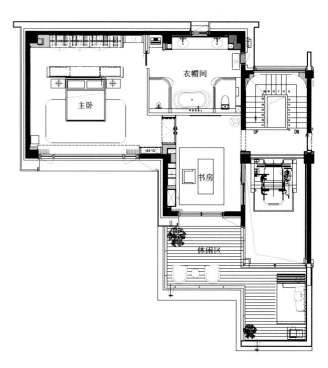

三层平面图

25

雅痞现代风
武汉金地澜菲溪岸E1户型

项目档案 /Project File

设计公司：风合睦晨空间设计/设计师：陈贻、张睦晨/项目地址：武汉/建筑面积：224平方米
主要材料：月桂银灰石材、木地板、壁纸、白色乳胶漆

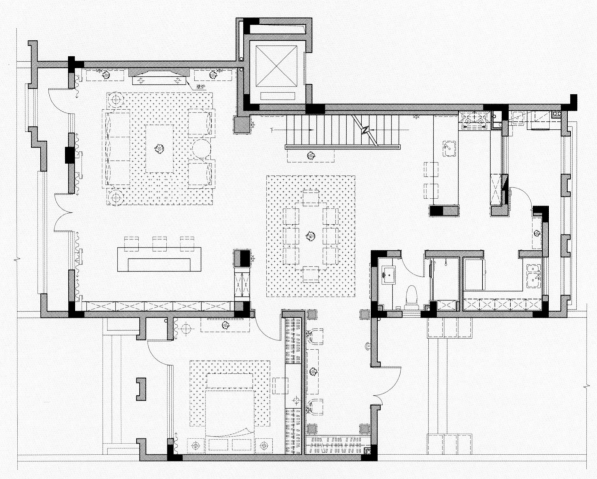

一层平面图

设计说明/Design Description

入口玄关处的翡冷翠石材以常规拼法组合，粗犷而未经刻意修饰，质感自然，与公共空间的烟熏地板相衔接。

原来的大门处于中间，规划时容易被直接分割为两个半部，加之多扇开窗的格局，为避免让人感觉空间狭隘，设计师利用入口玄关延伸的主墙划分公共空间与私密空间，并在玄关处设置一道视觉中心墙面作为空间转折，避免动线的杂乱，增强空间的流动性。

客厅区域拥有非常不错的视野和景观点，设计师

特意把整个窗体改造得更大，使得外部的景观更好地进入室内，立即让业主有融入自然的感觉。客厅墙面搭配橙色的极简沙发以及ZUNY皮革玩具，给人以雅痞又不失童趣的感觉。

一旁的餐厅空间以毛石为墙面，细腻的冷轧钢板氟碳漆与粗犷的天然毛石形成强烈对比，构成微妙的平衡状态，水泥反而显得细腻而温润。配合北美胡桃木餐桌和皮质餐椅的过渡，整个空间仿佛在自然与科技之间寻找到了一个平衡点。

33

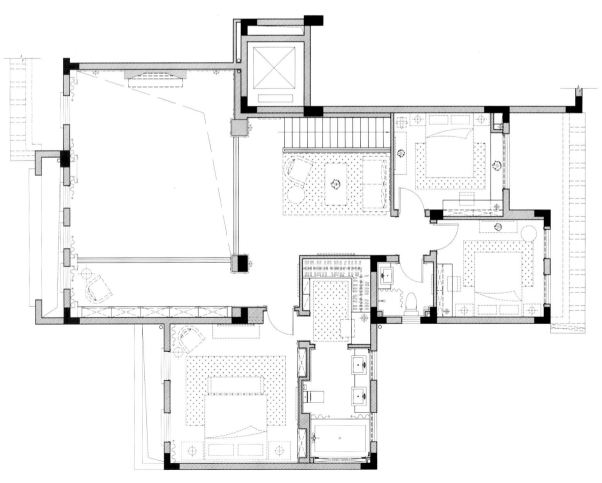

二层平面图

极简与克制
晋园

项目档案 /Project File

设计公司：本末设计/设计师：夏泺钦/项目地点：苏州/项目面积：800平方米

负一层平面图

一层平面图

二层平面图

三层平面图

An Overview of Houses of Mansion Style /// Minimalist Modern Style

极简与克制，恐怕是"现代风"的最终精髓。极简，往往是因为想要表达更多，希望留出更多空间；克制，则代表着在这之下，隐藏着更深层的想象空间。

本案中，以功能为导向，室内空间都采用简洁的造型，在满足基本需求的基础上解决空间、比例、光、材质的基本问题。这种简洁也是一种品位体现在设计细节上的把握，每一个局部的细微装饰都要深思熟虑，从而达到以少胜多、以简胜繁的效果。多余的修饰和形态并不能带来更多的舒适感，功能性和

舒适性才是我们更应该关注的方向。

家的主角是人而不是物品，我们应该把多余的装饰藏起来，将色彩、材质释放出来，去思考什么才最适合自己。用减量设计在感官上追求极简自然，在思想上追求高层次的精神愉悦感。每个家都有适合它的讲述与打开方式。设计就像爱情一样，要寻找到最适合的方式和对象，这就是设计的意义。所以，挑适合自己的，挑自己喜欢的就好。

白麓
麓山国际别墅

项目档案 /Project File

设计机构：STUDIO.Y余颢凌设计事务所/设计总监：余颢凌/主创设计：尹杰/软装设计：刘芊妤
执行设计：阴倩/软装助理：唐竞/项目面积：1000平方米/摄影师：张骑麟

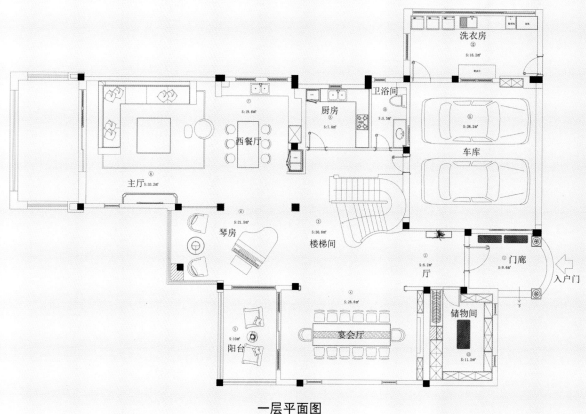

一层平面图

设计说明 /Design Description

世界就像一场想象得到的，有种种颜色的奢华盛宴。树木的新鲜、水面的波光、水果的明丽、熊熊篝火的灿烂，这些颜色中的任何一种，都是亲切的。

白是来自混沌中心最独特与鲜明的形象，白是这一独特性最极端的例子。它不是一种混合的实体，它甚至根本就不是一种颜色。

本案位于成都国际城南天府新区的麓山国际社区，该社区以传统美式生活别墅为主，一些空间结构与国人的现代生活方式存在较大的差别。

在经过一系列的改造后，本案变成了如今的极简现代主义别墅，整体以明净通透的白为主调，铺陈开一曲流动的艺术乐章。

白色蜿蜒而上的楼梯，经过了去芜存精的改造过程，摒弃原有楼梯所具有的尖角，修整弧度与线条弯直，只留通透玻璃与亚光金扶手。旖旎婉转回旋间，仿佛永恒凝固的美好旋律，每一级台阶都是一个音符，每一寸扶手都是一段节奏，与钢琴厅形成动静相谐的圆舞曲。

钢琴厅是承贯入户与室内的自然过渡地带，午后的时光在指尖流淌的音符里徜徉，纯净的乐曲萦绕在整个房间，或轻松活泼，或抒情优美，或浪漫风情，满含艺术生活的热忱。

客厅依然延续白净的空间调性，白色可以激发人们对于包容力、现代感、高级感等各种各样的联想。这些元素又和谐统一于白色中，既是生活的容器，亦是另一种从空白到满载的开始。

47

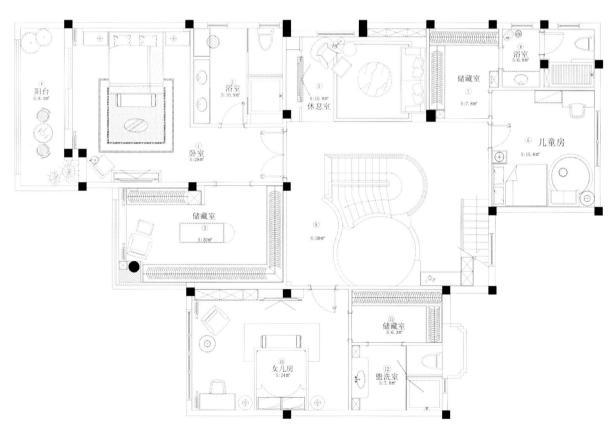

二层平面图

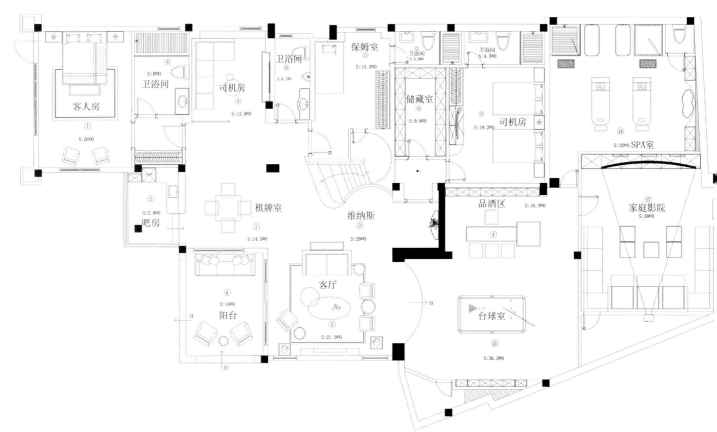

客人房
S:26.0

卫浴间
S:8.0

卫浴间
S:4.1

司机房
S:12.8

卫浴间
S:4.3

保姆室
S:14.4

储藏室
S:9.8

司机房
S:19.2

SPA室
S:32.0

吧房
S:7.8

棋牌室
S:14.3

维纳斯
S:28.0

品酒区 S:16.3

家庭影院
S:38.0

阳台
S:14.0

客厅
S:21.5

台球室
S:36.5

负一层平面图

设计师模糊了传统意义上"餐厅"的概念，而是根据特定的生活方式设计两端主人位及可同时容纳 14 人就餐的宴会厅，满足不定期的不同主题酒会派对的需求，营造高级的生活仪式感。拍摄时适逢圣诞时节，于是有了一桌的烛台、松果、彩灯、常青树，一派独特精巧的节日装扮。

觥筹交错间，炉火升腾，交谈与雄辩竞相上演，这里是男士的社交场。以天然石皮为局部墙体，精良立体的质地彰显考究的硬朗气场。

由单纯的色块来组合成温暖如初、静谧闲适的主卧室。简单生活的要义，大多数时候在于居住者对空间的体验和互动关系，愈简单愈有生命力。生活的气息也在简单的空间中变得饱满，充满内涵。

少女气息十足的房间，所用家居几乎全是温润的圆弧触面、干净一色的墙面与明丽清爽的家饰用品。整面的透明玻璃窗恰好引入无敌的自然景致，令粉与白在日光的晕染下更加婉转可人。

空间中所保留的点滴记忆，都印刻着居住者的一颦一笑，一思一慧。这或许也是人与空间最好的互证关系。

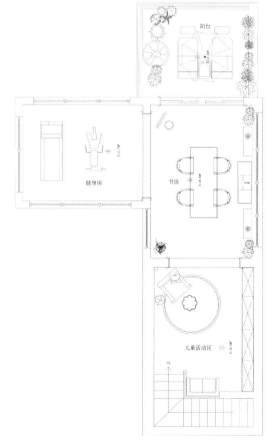

阁楼平面图

阳光绿意的家
上海某花园别墅

项目档案 /Project File

设计单位：集艾室内设计（上海）有限公司/设计师：黄全/项目地点：上海/项目面积：280平方米
摄影师：王厅、黄全

设计说明/Design Description

如果说没有时间去的都叫远方，那么每个被用心设计的家中，大概都融入了主人对远方的期待。

事业的繁忙似乎永远与生活对立。带不走海岛的阳光和沙滩，只好在闹中取静的市区修筑自己的伊甸园。设计师黄全说："相比逃离城市，我更愿意构建一个远方般舒适的家。虽然不能面朝大海，但还是希望能伴着春暖花开。"

黄全做过很多商业地产项目，对无数种风格材料熟稔于心。在面对自己的家时，换位男主人视角，以留白诠释丰富，将风格让位于舒适，让整个空间既包裹着猛虎丛林般的冷峻，也暗藏了细嗅蔷薇的温柔。

开阔泳池、石子步道、通透采光、树丛掩映、绿

意芬芳。黄全的家满足了一个都市人对家的想象，也将他对生活的热爱融入家居细节的点点滴滴中。

入门即是玄关，塑造了一个从工作到家的空间转换的感觉。黄全为身为服装设计师的妻子设计了两个步入式衣帽间和一个大鞋柜，妻子将衣物、鞋帽、配饰按照色彩陈列，充分展现了她对美的敏锐触觉。

对于黄全来说，只有最干净的底色才能拥抱生活的诸多可能。在家这方生活美学空间里，人与物的互动是为了达成家的情感连接，他希望通过对每个细节的设计用心述说对家人的浓浓爱意。

一楼客厅是全家人最喜欢呆的地方。这里的沙发

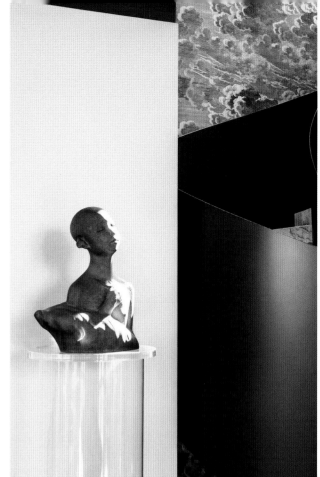

出自意大利 reflex 品牌，高低错落，矮的地方有点像榻，很适合小朋友在此玩耍，也便于亲子游戏和互动。

在空间功能划分和尺度把握上，家人的需求自然成为重要的设计考量之一。一层开阔通透，客厅、开放式厨房、餐厅没有做硬性的区隔，而是在一个完整的空间内融入生活的不同场景。

功能灵活划分及喜爱的家居单品的引入，使所有看似美而无用的部分都让身处其中的每个闲暇有了值得期待的风景。而身处其中的人、变化着的生活场景、包围身侧的爱的影像都鲜活地存在着，乃至成为家中主人善待日常的温馨证明。

黄全喜欢将收藏的当代艺术家作品融入家居空间，在与晨曦光影、艺术品的互动里感受美对日常生活的滋养。"每天早上八点半左右，楼梯间的窗户正好会有一束光打在雕塑的脸上，艺术品与人、人与光线在这个家中、在某个特定的场景里产生了连接，那种祥和安逸的氛围让我觉得特别美好"，在黄全看来，这也是家中让他觉得最舒服的场景之一。

开放式厨房一侧的玻璃门可以完全打开，连接用餐区、露台和泳池，黄全喜欢在开放式西厨享受烹饪的乐趣，或看着妻儿在花园里玩耍，晴朗时还可以和家人在户外暖阳的包围中享受美食。

空间硬装以黑白灰打底，通过冰凉的钢材、大理石、墙漆、金属饰面堆叠出不同质感的灰色调，既延展了空间，也为后期调整提供了许多灵活性。

身为服装设计师的妻子更爱高饱和、活泼鲜亮的色彩，因此黄全在二楼软装的选择上融入了更多明亮的色调，并在与人直接接触的部分使用了温暖织物和易于亲近的材质，起居室与儿童房则因丛林主题的壁纸和装饰画增添生命感，足以激发小朋友探索自然的好奇心，处处体现了对爱人孩子的爱。

在黄全看来，空间格局、家居单品和艺术品的一次次调整和丰富的背后是空间主人心态的变化与孩子成长轨迹的投射。"随着孩子一点一点长大，我们的生活需求和对美的理解也会慢慢发生调整，这个家的样子还会持续地产生变化。"一个生长着的家，既要有积极拥抱生活变化的宽容，又能记录随时间而不断丰满的家庭足迹。

为了给空间带来通透的视觉感受，设计师运用了大量整面玻璃，绿意从屋外延伸到屋内，模糊了家与自然的界限，足不出户宛如置身森林。

大处见刚，细部现柔

牧云溪谷悦溪郡32栋别墅样板房

项目档案/Project File

室内设计：深圳市盘石室内设计有限公司、吴文粒设计事务所/陈设设计：深圳市蒲草陈设艺术设计
有限公司/主案设计：吴文粒、陆伟英/参与设计：陈东成、谢东泳、柯琼琼、罗楚希/项目地点：深
圳/项目面积：1000平方米/摄影师：张静、李林富

设计说明/Design Description

设计的灵魂在于匠心，在于对品质极致的追求，在极致反复的探索中，空间带上了人的情感和温度。那是一种源于生活的智慧，对于材料特质的理解，要合乎物性，而对于境界的缔造，则应忘记机心，自然而然。好的设计，让人目以投之、足以赶之、情以注之、心神往之。

——陆伟英

空间设计需要匠人的守拙和专注。于是，在牧云溪谷悦溪郡别墅样板房设计中，出现了天然水晶矿石饰品，出现了带着手工温度的装置艺术挂画，每一处细节都透露着手工匠人般的专注。豪宅的发展不仅反映着城市经济繁荣的程度，在某种意义上，也承载了人们对于居住的追求。设计师从具有国际前瞻性的设计思维，到对都市与人性的关系进行探讨，再到历史人文所赋予空间的含义，似乎都验证了一个道理，即使是最昂贵的豪宅，最珍贵的、不能替代的就只有一个字

——人。

因为人有情怀、有信念、有态度，所以，设计就没有理所当然，对居住的人而言，"家"不是一个概念，而是一种体验，也是一种"不忘初心"的与自己、与世界的对话。

顶级石材粗犷而美丽的天然脉络与镜面及镀钛金属、皮革纹理给人留下深刻的视觉印象，制造出出时尚、前卫、艺术的想象张力。或深或浅、不同层次的蓝色自外而内进入，使得室内装置与材质建构的语汇之间产生一种经典华丽与时尚共鸣的对话形式。

生活所需要的美不是盲目趋和，而是不被过去所挟持，不为未来所迷乱。立足于当代的审美，重新审视体面与品位，大处见刚，细部现柔，不着一笔，尽得风流。

庐州城下，逐光而居
万科·城市之光别墅样板间

项目档案 /Project File

设计公司：壹舍设计/设计师：方磊/项目地点：合肥/项目面积：388平方米/视觉陈列：李文婷、周莹莹/主要材料：黑钛金属、古铜金属冲孔板、石材、壁布硬包、马来漆、橡木染色/摄影师：张静

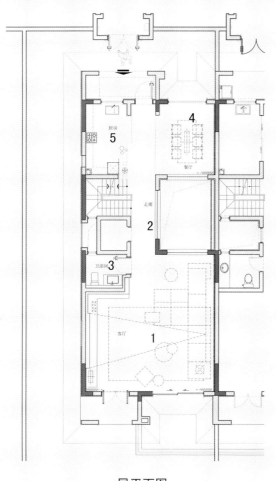

一层平面图　　　　　　　二层平面图

设计说明/Design Description

庐州文化源远流长，吸引了无数文人。作为安徽省省会，合肥历经漫长的时间，早已将庐州文化融入城市变迁中。

合肥，一座承载庐州文化的现代城市。万科·城市之光别墅坐落于此，其样板间的整体设计由壹舍负责。相对充裕的空间和开放的结构给予设计师无限灵感，雅致静谧是其最想营造的整体氛围。"我们选择低调静雅为设计概念，以沉稳的色调为主题，通过现代化的设计手法，将东方元素点缀其中，旨在追求设计与文化的融合。"

平稳式布局表现出客厅的气势，阳光穿透落地窗，随意简约，尽显波光灵动之美。少许原木色点缀其中，简约中富含无穷韵味，营造出低调、静雅的氛围。百叶元素的大面积使用呈现一种秩序美，同时又连接餐厅、庭院、卧室。沙发灵活多变，可满足多元化的使用需求。入座沙发，大理石背景墙映入眼帘，其天然华美的纹理宛如一幅水墨画。

百叶元素由客厅延伸至餐厅，顺应立面拓展至吊顶。沉稳厚重的深咖啡色，搭配色系相近的餐椅，散发着柔和光泽的吊灯悬于餐桌之上，营造出典雅轻松的用餐氛围。

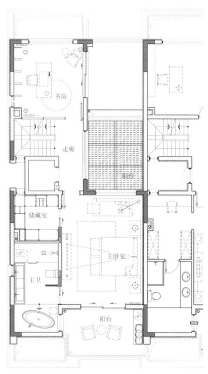

三层平面图

四层平面图

吧台由玄关处延伸而来，作为枢纽空间连接客厅及餐厅，起到过渡与衔接的作用。富有线条美感的落地灯恰到好处地照亮整个空间，与主题"城市之光"相得益彰。

在地下一层家庭室中，绿植将整个空间划分为通道及活动区。蓝色家具及古铜质感的书架相映成趣，为空间赋予雅致、轻松的色彩。活动区书架采用金属冲孔板和发光体制成，清晰明快的线条增添整体视觉冲击力。

水吧区与家庭室相连通，圆形软饰地毯有效缓解空间的单调，同时又呼应蓝色家具。午后阳光撒入，景色对应空间弥漫生机一片，设计师完美调动感官和视觉，将空间的张力体现得淋漓尽致。

长辈房的设计严谨而舒适，通过把握尺度来表现稳重的气质。床头两幅黑白相间的挂画又和花艺形成互动，整体空间简洁却又不失质感与趣味。

活动室则采用适宜的跳跃色来主导空间，时尚又不失温馨。立面百叶元素让内部与外部空间形成呼应，配合自然光线的映入，实现人、空间与自然的和谐统一。推拉门划分次卧，让空间在视觉上变得松弛有度，呈现出自由的气质。

主卧立面及吊顶的百叶元素与客厅餐厅立面和谐统一。水墨纹路地毯与自然光线融合，产生极富韵律的光影效果，令空间低调、怡心。在赋予空间沉稳大气的气质的同时，现代人们追求的舒适静谧也在这里得到满足。

几何线条合理划分卫生间，使人心旷神怡，给人低调舒适的体验。大面积镜面的运用，强化空间透视的立体感与层次感。浴缸位置抬高，开阔了视野，在其中沐浴时亦可远观庭院景观。

设计师认为："一个好的空间必是富有生命力的。坐落在庐州的城市之光项目，不仅表现出精致的生活态度，更是文化内核的一种延续。"衔接徽韵，面向未来，万科城市之光项目宛如一架连接古典与现代的桥梁，东方韵味及现代时尚交融其中，恰到好处地展示着它的淡雅、精致，在合肥这座魅力之城绽放出耀眼的光芒。

春
保利金町湾度假别墅

项目档案 /Project File

硬装设计：广州共生形态工程设计有限公司/设计总监：彭征/主案设计：彭征/设计团队：张立、罗南翔、陈泳夏、许淑、王嘉颖、冯宁轩、刁映华、蔡文、李露、朱云锋、李永华/项目地点：汕尾
项目面积： 236平方米/主要材料：火山岩、拉丝水泥板、瓦片、人造毛石、大理石、木饰面、实木地板

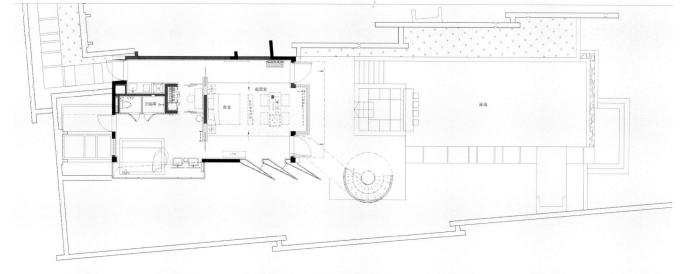

平面布置图

设计说明/Design Description

粤人好"叹"。凡觉美妙而极致者，从"叹世界"到"叹茶"，皆得一"叹"。赞美之辞，全在此一叹中。是谓"此中有真意，欲辨已忘言"。

叹物的外在条件在于有闲的时间，内在在于有心境。有此二者，方能有"叹"时的享受之乐。中国人对于"闲"理会深刻，上层人物既能拿来自嘲自娱，即所谓"赋闲"，又是普罗大众对生活状态的向往，这是"闲"的另一层含义，便是"享清福"。

建筑群离海仅60米，在别墅临海的一面建一个完全将建筑群包裹其中的浅水池，既不动声色地保障了别墅使用者的私密和安全。在视野里又将建筑与海完全融为一体，利用别墅与公共海滩的高度差，将公共海滩的游客喧嚣做干净的隔离，不至使度假成为赶集，看海看成了下饺子。

要是化身为鸟"瞰"，这16栋长条形的建筑很

像是休渔季节错落有致地坐在滩涂岸边的渔船；若从别墅外望，则有置身海上的感慨。《晋书四十九·毕卓传》《世说新语·任诞二十三》里都有毕卓对人说的一段话："得酒满数百斛于船，四时甘味置两头，一手持蟹螯，一手持酒杯，拍浮酒船中，便足了一生。"苏轼因此感叹："万斛船中著美酒，与君一生长拍浮。"任诞者，即是不为礼法所困，只依禀性而为。即所谓魏晋风度。在这里尽管把酒言欢，拍浮嬉戏，绝不至晕船，这是设计师利用地势和设计手段完成的一个极目海天舒的视觉游戏。视线所至，海天浑然，甚至无一树障目。其纯粹，乍见则使人心潮澎湃；其空灵，相处则让人心旷神怡。

南方的海，冬天也是温暖的。所以，共生形态将其所设计的三套别墅分别名为春、夏和秋。其区别在于春、夏之床可观海，秋床则反之，以听秋涛。

夏
保利金町湾度假别墅

项目档案 /Project File

硬装设计：广州共生形态工程设计有限公司/设计总监：彭征/主案设计：彭征/设计团队：张立、罗南翔、陈泳夏、许淑、王嘉颖、冯宁轩、刁映华、蔡文、李露、朱云锋、李永华/项目地点：汕尾
项目面积：236平方米/主要材料：火山岩、拉丝水泥板、瓦片、人造毛石、大理石、木饰面、实木地板

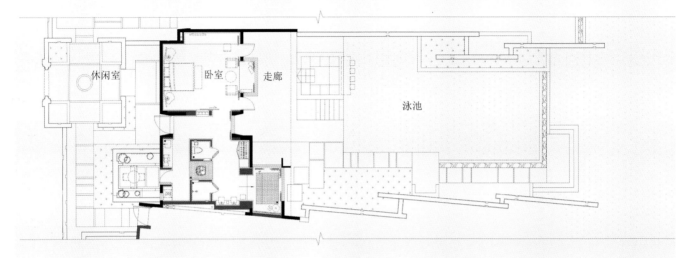

平面布置图

设计说明 /Design Description

"清坐让人无俗气，虚堂终日转温风"是中国人对"空"和"虚"在哲学层面的深刻体会。"做减法，不炫技，简简单单，干干净净"是业主方保利对项目设计的把握，也是共生形态在该项目室内设计中的指导原则，不考虑奢华的装饰性，只在表达一些"在地化"特色的基础上，做清简的表达。何谓"在地化"特色？即潮汕文化背景下的渔村特色。不做简单抄袭摹仿，只提取相应可提升印象的符号，如木雕、瓦片和毛石，将其融入到简洁的空间线条当中，增益其趣。在软装方面，则多采用枯植、麻料和原木，力求环境归于质朴真元。

秋

保利金町湾度假别墅

项目档案 /Project File

硬装设计：广州共生形态工程设计有限公司/设计总监：彭征/主案设计：彭征/设计团队：张立、罗南翔、陈泳夏、许淑、王嘉颖、冯宁轩、刁映华、蔡文、李露、朱云锋、李永华/项目地点：汕尾
项目面积： 236平方米/主要材料：火山岩、拉丝水泥板、瓦片、人造毛石、大理石、木饰面、实木地板

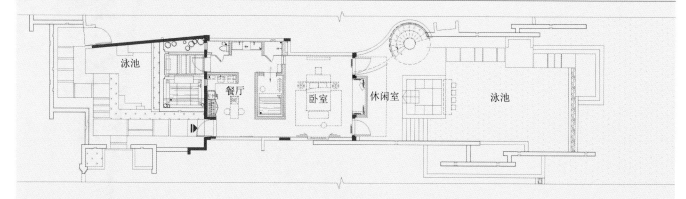

平面布置图

设计说明/Design Description

在设计的过程中，共生形态充分意识到建筑设计的用心和建筑自身所展现的特点——在提供优质的私密性同时，在人的视觉中与自然融为一体。因此，在室内空间设计过程中，设计师从人的视觉角度考虑，将室内空间与户外相互延伸，在相应的立面采用粗糙石面，间以瓦片、原木的方式，将人工光与自然光相互渗透，即便是一间泡池，也利用漏空的天花，将天光和星光引入到室内，只要睁着眼睛，总有自然的一部分保留在眼睛里，使人生出"身处室内，如在户外"的感叹。

设计的主要空间在卧室，在设计上却不做浮华堆砌，只用干净洗练的线条建立一个清简恍如只隐约存在的空间关系。辅以原色为主的软装，任由朴素营造一个心灵可以完全放空的环境，又将使用者的目光由此自然投放到海天之间。在过道、泡池和洗手间这样的次要空间则利用材料营造质感，生发对岁月蹉跎，白驹过隙的感叹。莫辜负了这片刻的好时光。

正如项目的开发者，保利地产集团的高层所期望的那样，人们进入这个房子，是把身心交给天空和海洋的。每个人看到海都会冲动，这是人的本性。"享一世清福"在普通中国人的心目中，是个神鬼皆嫉的境界。在金町湾，可以完全享受短暂的清闲。

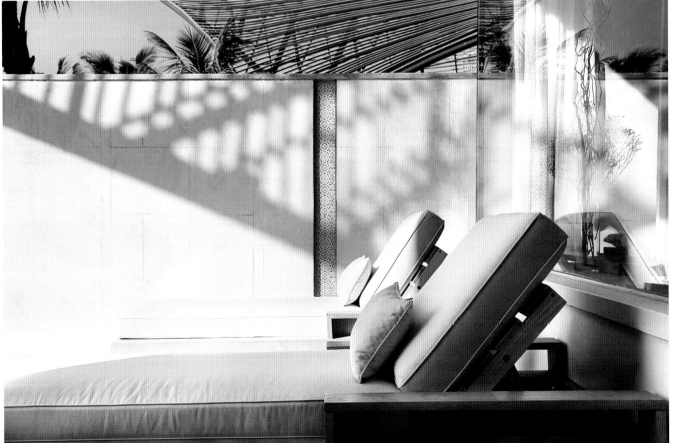

109

四季之 "冬"
旭辉·乐活城别墅

项目档案/Project File

设计机构：SUN设计事务所/软装陈设：HUA ART华筑壹品艺术品·软装陈设机构/设计师：孙洪涛、张志娟、刘倩/项目地点：重庆

设计说明/Design Description

旭辉·乐活城别墅位于安亭新镇，交通地理位置优越，周边设施齐全，更可贵的是在小区内拥有一池天然湖，犹如一颗稀世罕见的蓝宝石，散发着高雅、安静、沉稳的气息。借此自然优势，打造出一处生机勃勃、鸟语花香的四季景象的生活场所。

本案设计方出发点是以四季之 "冬" 为主题，面积为138平方米，适合3口到5口之家的3层别墅住宅空间。空间主体色调取自冬季的雪，被赋予阳光的暖白，大地的灰，还有那一抹高雅、安静的湖水墨蓝色。

空间设计手法以纵向面延展，线性收边为特点，创造面与线的完美结合，丰富了简单空间的多层次变化。

当体验者站在客、餐厅区域时，层高为5.5米的挑高空间顿时带给体验者空间的开阔与震撼，恐怕早已忘记这是一个仅有不到200平方米的别墅空间。更让人激动的地方是整片挑高的背景墙，采用天然白色大理石独有的天然纹路，通过精湛的工艺对纹手法，打造出一幅宛如江南烟雨缥缈的画卷。而与现代感十足的壁炉完美结合，更是强化了冬季主题的温暖与柔和。

舞动的火苗，温暖了整个冬季。紧邻餐厅区域转身便是开放式厨房，从原有封闭的厨房完全打开，将厨房与餐厅甚至客厅连接起来，不但可以使居家空间更加通透宽敞，还增加了互动性。厨房还配有吧台，坐在吧台旁边喝着酒，那就非常惬意了。2层与3层分别是客卧与主卧，在3层的空间里，打造的是整体主卧套房的功能空间，具有独立的卫生间、书房及强大的衣帽收纳系统功能，体现出生活的高品质需求。整体空间配以合理摆放的考究家具和精致饰品，呈现出为注重生活品质和格调的精英人士所定制的居家环境。

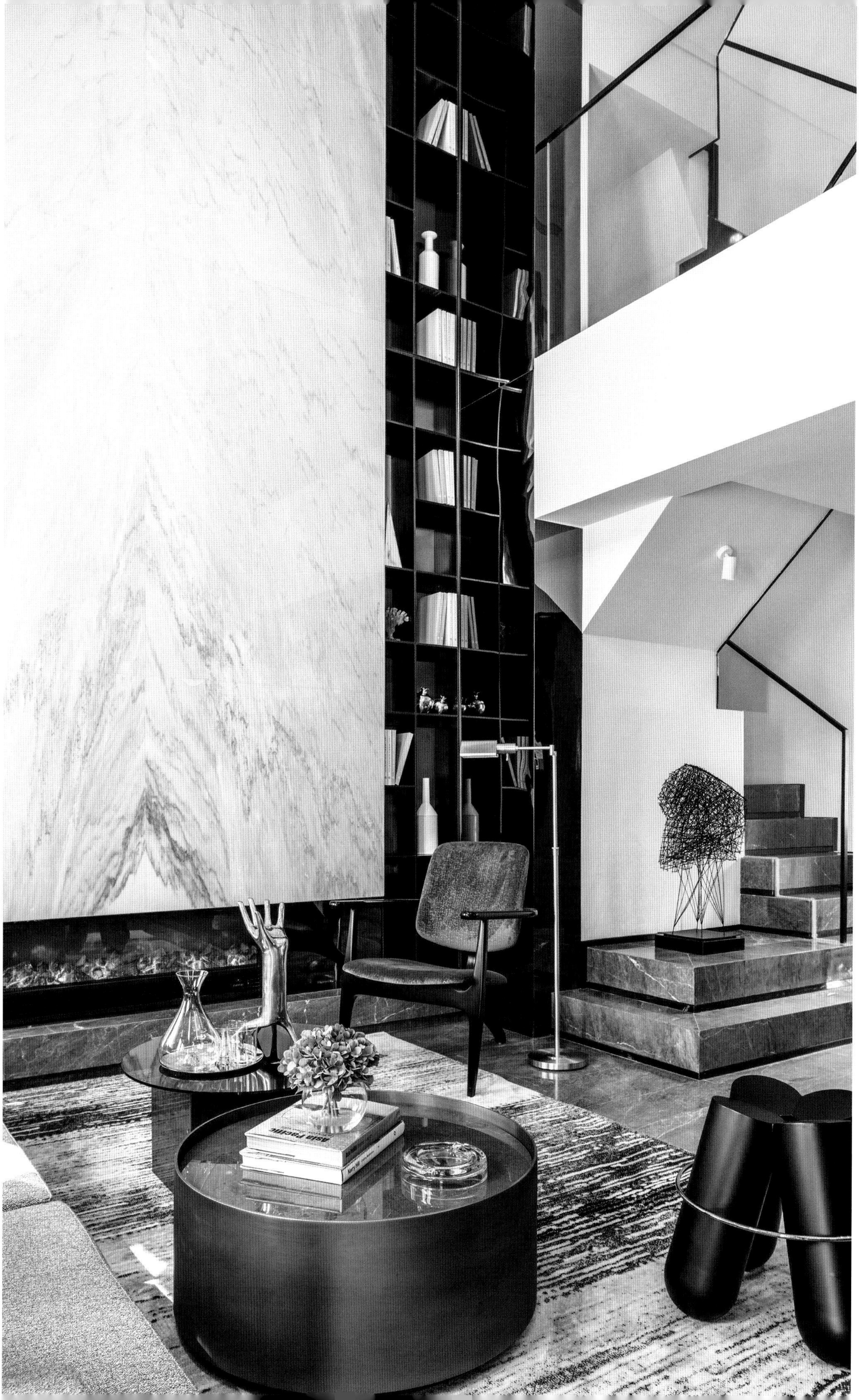

理白
宁波泊璟廷独墅

项目档案/Project File

设计单位：李一设计事务所/设计师：李一/软装设计：青青/项目地点：宁波/项目面积：800平方米
主要材料：雅士白大理石、涂料、碳化橡木、灰玻、黑钛金、光/摄影师：刘鹰、阿坡/撰文：李一

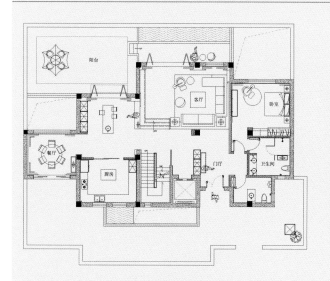

一层平面图

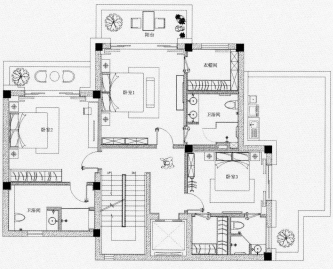

二层平面图

设计说明/Design Description

多年前游学日本，脑海中有关于一碗清汤的记忆——推拉开移门，进入一家小店，店很小，小到我和妻子只能侧身而进，店家端上一碗清汤，看似简单而隐含"大味"。后询问得知，汤用当地昆布小火熬制48小时方能呈现。

将本案取名"理白"，一个动词与形容词的组合，既是行为又是描叙。项目在宁波鄞州区，上下四层，是泊景廷楼盘几套独栋别墅之一。现代的建筑基础总是能与我的个人爱好最大化地吻合，干练的线条、敞亮的地下庭院、时尚的下沉式客厅无一不在诉说着关于现代和东方美学的生动话语。

在我看来，生活是一个有逻辑的事，而设计则是一门梳理生活逻辑的艺术，如同曾经的一段话——"设计是表达的艺术，而非艺术的表达"，这正是取名中"理"字的定义。喜欢用最简单、最少的元素去表达尽可能多的内容，正如生活中尽可能淘汰任何一种可有可无，保留实用一样，或许这就是我对"极简"态度的理解。一直认为私宅空间要跟着主人一起生活并一起生长，像中国传统艺术中留白的定义，它是为使整个作品画面、章法更为协调精美而有意留下相应的空白，是为生活留有的想象与生长空间。可以说，"理白"是一次对生活"有"与"无"的逻辑梳理。

空间总是"关系"的连接体，无关乎建筑还是装饰，是明暗，是色彩，抑或是人与自然。一直强调私宅空间的存在是为了提高生活品质，自然人与环境的关系是此次设计的唯一核心。设计中没有将区域与区域做明显的划分，正因如此，空间便多了一分家的灵动与随意。喜欢光，无关乎是天光还是灯光，它如同"白色"般"无"，但又充满力量与价值，于是便有了空间中光与白墙的相得益彰。喜欢线，无关乎曲线还是直线，它是分割又是连接，我想不出还有什么比一张白纸上画上的线条更让人心悦。大面积的墙体留白与鲜色的绘画对比，述说着关于现代东方美学的生活仪式。有意识地将庭院与室内做了无界线的连接，地面是，地下空间亦是，"我想有个院子，它在我房间里"，这是我很向往的生活，所幸在此项目中得到实现。

生活的枯燥在于两点一线间的循环奔波，而人生的幸福也在于这两点间的往返，或许这正是人们对"家"的自然向往。

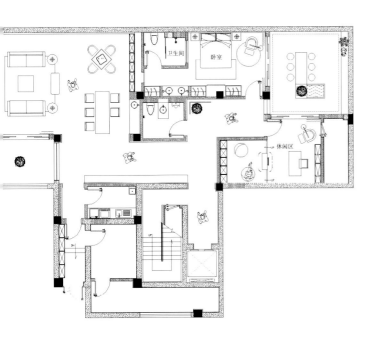

三层平面图

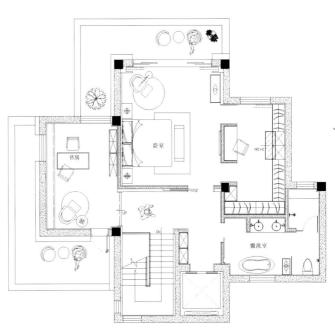

负一层平面图

海洋之心
新北市某宅

项目档案/Project File

设计单位：台湾大观设计/设计师：卢国辉/主要材料：木皮染色、大理石、进口壁纸、皮革、绷布、木地板

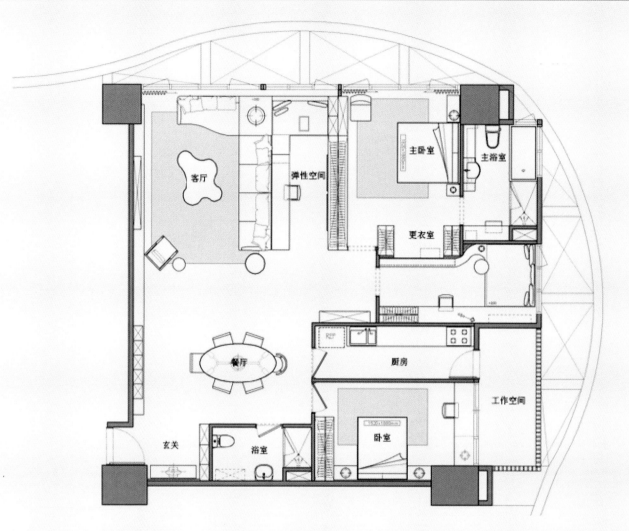

平面图

设计说明/Design Description

本案是位于新北市淡水区的临海样品屋，业主期望将此案打造为海滨度假居所，设计概念以此主题展开联想，将海洋相关的意象融入立面设计及材质选用之中。

空间规划方面，以休闲的接待会所为考量，将全室大半划分为公共区域使用，将客厅、餐厅、书房相互串联，自入口进来，即可感受到大气的尺度，使亲朋好友能够更为自在地于此交谊互动。

立面设计则以圆弧线板等距分割的语汇，表现出

船坞夹板规律的线条，借此修饰厨房及儿童房入口暗门，搭配典雅壁纸，以重复的分割与材质强化空间延伸放大的感受。壁面与天花板选用桧木染色木皮，以仿旧刷色的纹理呈现海砂的质感。

主卧床头主墙特别挑选仿马毛质感的进口壁纸，配合床头上方的吊灯，赋予起居空间有如饭店般的精致质感。儿童房则融入海军蓝、白条纹的意象，打造出儿童房休闲而不失活泼的氛围，并整合收纳及卧榻等功能。

也是一墅
丽丰棕榈彩虹花园别墅

项目档案 /Project File

设计单位：广州共生形态工程设计有限公司/主案设计：彭征、谢泽坤、许淑炘/设计团队：马英康、高颖颖、朱云锋、李永华/项目地点：中山/项目面积：388平方米/主要材料：大理石、木饰面、灰色烤漆、墙布硬包、清瓷水泥板

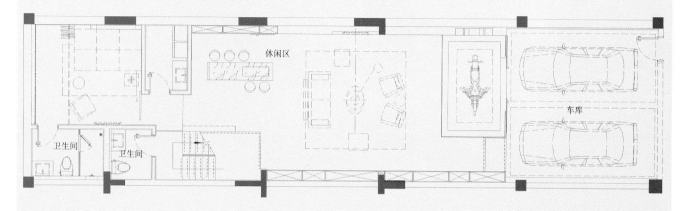

负一层平面图

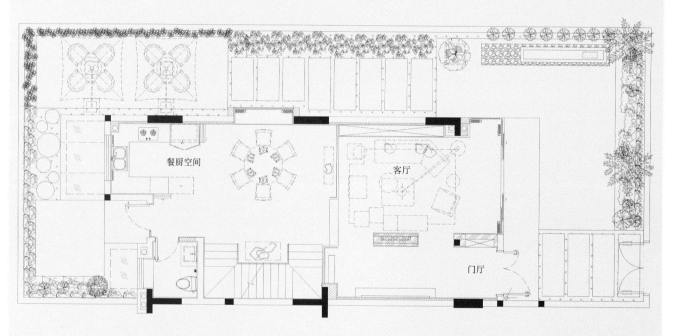

一层平面图

设计说明/Design Description

苏州曾有一园，名"也园"，主人是个姓熊的布商。也园于明清鼎革之际毁于兵燹，关于此园的文字记载散见于明遗民的随笔之中。盖因此园虽不及拙政园、沧浪亭的规模，但小而精雅，所以有些名气。人初不知园名何意，主人乃告：苏州的园林，主人大多非富即贵，不敢与之比。

蜗居虽小，也勉强算得一园，故名"也园"。有

如此幽默精神的人，一定不是奸商。知堂公曾讲，即便明人一无可取，其狂也足以让人钦佩。此公应跻身此列。

丽丰棕榈彩虹花园的样板房项目，属于联排别墅。虽称别墅，但面积不大，在性质上属于"也园"一类，因此不妨称其为"也是一墅"。

只是在设计层面考虑，如果仅仅是按照样板房完成设计，固然无可厚非。但是样板房从设计的角度而言，实际是一种展示。既然是作为展示，仅仅当作一般的室内设计，其过程对设计者而言自然如嚼木屑，结果也无法打动任何参观者。

因此设计师在接手项目的时候，首先考虑的是设计一段剧情。针对未来可能的使用客户，设计一组相应的人物角色——年龄在三十岁上下，有一定的经济能力，家庭条件比较富裕，可能有过留学的背景；两口之家，父母不常在身边；追求时尚和表象的西式生活，但还没来得及建立属于自己的品位。这是一个年轻一代的缩影，对一切都好奇，什么都想尝试，一个逐梦的年龄。设计师希望通过这种情节代入的方式来设计一个居住空间，使之完成后具有"人居"的气息，有人的痕迹，而不是一个单纯的样板房。

表现以上这一切，首先要有一些合适的物品来体现主人的生活状态。作为一个联排别墅的主人，不能让他车库里停放着几部超级跑车。因此设计师采用

了摩托作为描述这个影子主人的物品。Harley 或者 Triumph 都不太符合我们主人的气质——前者太悠闲，后者太沉着。那么就用一辆 Ducati 吧。凌厉而张扬的"大鬼"，能赚取足够回头率。然后再放一个 3D 打印的美式机车模型——那意味着年轻人不可捉摸的小小的贪心。还需要些代表所谓时尚的东西做些铺垫，于是在墙上有了一个 No 米 on 的挂钟，B&B 的女人躯体躺椅，都是"名品"，当然，还要那么一两个现代艺术雕塑。有了这些，主人的大致形象已经能描绘得出来了。一个小小的脚本安排好了，空间的设计也有了方向。

设计师在设计的过程中，首先对建筑的原平面做了一些小改造：将一楼的客厅外扩了一部分；三层的大露台截取一部分做了一个阳光房；负一层与车库打通，将原建筑的工人房拆除，将之移至负一层最靠里的翼侧，形成一个带天窗的多功能房，而将整合后的部分将一辆红色的 Ducati "大鬼"包进大玻璃罩为视觉和空间氛围的重点，改造成一个带有娱乐性质的玩赏空间。

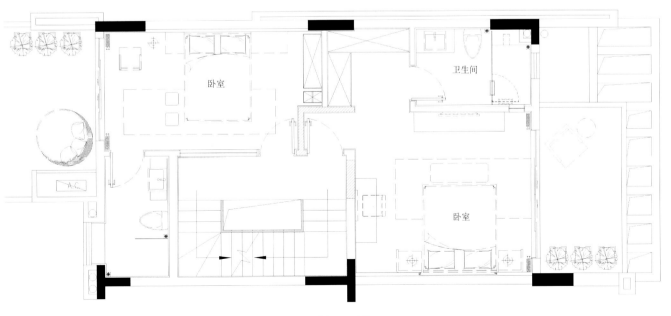

二层平面图

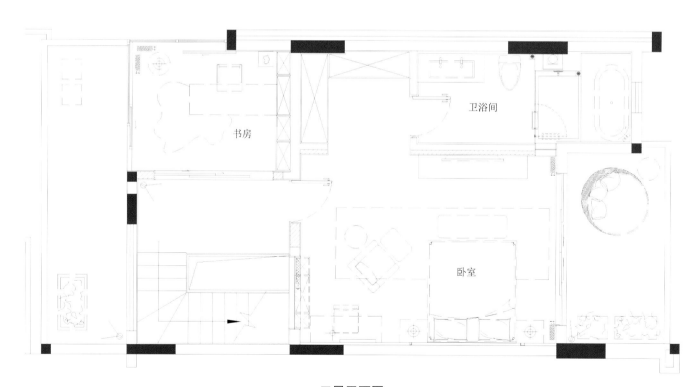

三层平面图

书房

卫浴间

卧室

对于整体空间的设计，设计师以黑白调子为主，但是纯粹的黑白色调会使住宅环境给人以冷冰冰的感受，因此设计师同时将变幻的黄色和灰色调子穿插进去，既让空间流畅简洁，又赋予其温馨的居住气氛。一方面通过使用灯光和材质的变化营造同一色系和不同色系的微妙变化，另一方面，通过相应的线条将立面和天花做不对称切割，将灯具作为能够使空间关系活泼起来的点和线融入到空间当中，也赋予空间不凡的趣味。

设计师并不是将该项目当作可以炫耀的作品去完成，而是试图通过对业态的思考做针对性的设计。通过对居住环境设计使用的经验、建筑本身的特点等诸多因素综合考虑，最终取得一个相对平衡的结果。居住空间的设计，最终是为了使用者本人服务。而样板房作为一种商业性质的展示，不仅仅是为了销售房子，更是对一种生活方式的可能性的讨论——在假想中建立一个模型，在现实中这个空间会存在居住的多样性。设计师只是表述其中一种可能，但这种可能是建立在对人和生活状态分析的基础之上。

大都会风之艺术极简
华润外滩九里

项目档案 /Project File

设计公司：壹舍设计／主案设计师：方磊／参与设计：马永刚／项目地点：上海／项目面积：450平方米
主要材料：石材、扪布、皮革、古铜金属、墙纸

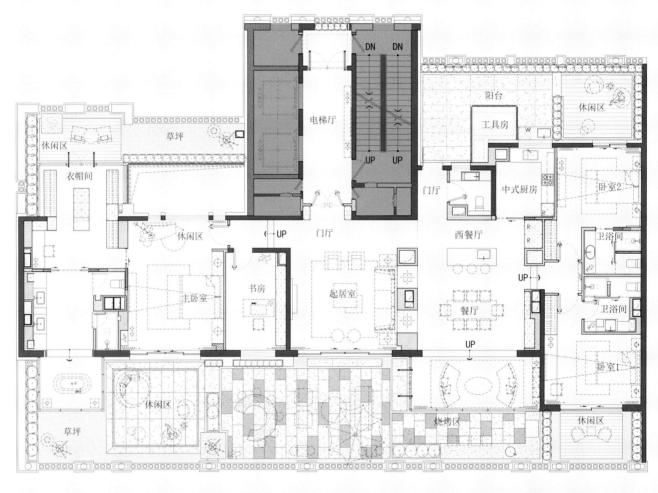

平面图

设计说明 /Design Description

上海与纽约虽然隔着整整一个太平洋，却共同引领着当今世界的经济风潮，推动着全球城市的发展。外滩和曼哈顿是这两座城市的灵魂，它们一样的繁华、摩登，不断地融合全球最新潮的生活理念，成为人类城市发展史上极其重要的角色。这次，设计师方磊与华润地产合作，设计华润外滩九里的顶平样板房，将曼哈顿的大都会风带入上海。这样的独特设计加上精致的艺术品陈列，使得这个空间既展现出现代前卫的格调，又充满了艺术博物馆般的优雅气息。

都市精英是既要求物质生活，又有一定艺术品位的群体。为他们做空间设计，是一件非常考验设计师的艺术领悟力的事。设计师方磊深知都市精英们所追求的居所不单是一座豪华的房子，更是一座将物质生活和艺术品位完美结合的房子。

客厅空间的设计不拘一格，手法大胆自由。设计师将耀眼的橘色、高贵的紫色融入空间中，用现代感十足的拼接地毯搭配古典韵味的艺术雕塑，宛若曼哈顿汇集全球多元文化、包容各国不同风情的宽阔情怀，展现出国际都会的梦幻色彩与超脱浮华的高雅气质。

149

现代几何造型的圆形金色吊灯搭配色彩如祖母绿般耀眼的餐具配饰，使这个餐厅闪耀着国际都会奢华摩登的醉人魔力。

餐厅和厨房由西厨吧台连接，吧台与家庭厅、餐厅及中厨形成强有力的互动关系，将空间连为一体。

宽敞明亮的主卧空间感十足，保证居住的舒适性。墙背景与顶面用弧线设计，衔接自然。烫金花纹的蓝色天鹅绒抱枕与墙上的艺术画，时刻给居住者带来品质居所的奢华感和汇聚世界潮流前端文化的都会情结。

主卧卫生间既具有国际感，又融合了海派风格。浴室的设计打破了原始格局，设计师采用大片的落地窗形式将阳光与美景引入室内，让心灵得到自然的洗礼。

大面积的环形露台衔接每个空间。露台分布着餐区以及若干休闲区域，完全可以满足名流和精英们的各种聚会的需要。在这里欣赏着上海滩的美丽景色，似乎可以忘记紧张的都市生活，只享受一分惬意与悠然。

白色冷翡翠
丹桂苑某宅

项目档案 /Project File

公司名称：中国柒筑空间设计有限公司/设计师：黄齐正、黄小影/项目面积：270平方米
主要材料：大理石、墙板、涂料

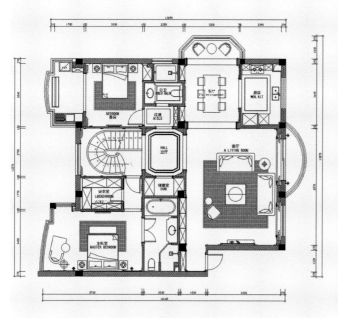

一层平面图

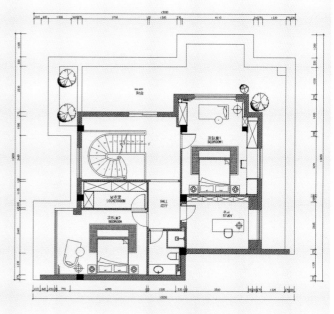

二层平面图

设计说明/Design Description

白色冷翡翠，气质美如兰。用这句话来形容这个空间再合适不过了。

原户型设计的入户玄关非常狭小，是这个空间的硬伤，为满足使用功能和视觉效果，设计师改进了空间布局。最后呈现出来的是打开门就能让人眼前一亮的装饰画，画前面是一个富于现代趣味的雕塑和白色的玫瑰花，精致的画框和有情调的软装无疑表现出主人的品位以及对生活品质的要求。

只有内心足够丰盈才会爱上浅浅的白色客厅。在客厅的墙面上有抽象艺术挂画的点缀，看得出业主对待生活的态度，是感性中带着理性，不浮夸，不张扬，不盲目，不虚空。置身干净整洁的白色客厅就像沉浸在晨雾里，感受那晨露的滋润，体会那种宁静的感觉。温暖的阳光透过窗户包裹着居室内浅浅的色系，仿佛时光都静止了。此刻在家人的陪伴度下过漫漫时光，便是最美好的事！

设计师在原本的空间布局上改变了楼梯的位置，将原本是楼梯的位置改成中厅，将楼梯移至窗户旁边，一方面可以让整个空间更加灵动，另一方面，可以将楼梯间旁边的光线更好地引入到居室里面。

浅浅的白色系蔓延到每个空间，设计师也有意无意地把自然清新的绿色带入空间每个角落，仿佛精灵般装点着空间。其温润的质感和空间进行着微妙的语言交流！餐厅上墙面的色块装饰画和桌子上的青苹果，娓娓地讲述着生活的美好！

本方案整体简洁优雅，清新却不失贵气。设计师在硬装上尽量采用简化的手法，将洁简的空间与经典的家具很好地融合在一起，使人们看到新传统情怀和当代艺术的结合！

家是承载着责任、关怀以及爱的城堡，也是主人表达真实自我的空间！

163

春光潋滟
永荣拉菲郡

项目档案 /Project File

设计单位：品川设计/施工单位：品川设计/主创设计：郑陈顺/参与设计：陈孝遮/项目面积：560平方米

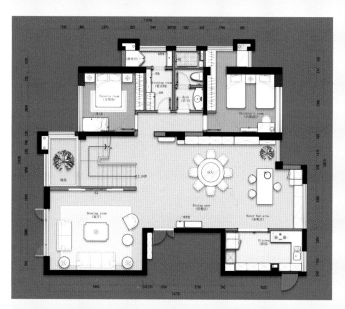

一层平面图

二层平面图

设计说明/Design Description

黑白灰的底色中，设计师以留白手法，将人文与自然载体、空间与设计语言的杂质降低，清浅的色彩过渡模糊界限，令所有的色彩联系更加紧密，也使客厅空间打破人为的刻板，焕发出自然的生命力。光影交织中，一冷一暖，转身之处便是另一场意犹未尽的相逢，绿色与橙色的暖春狂想，满室潋滟花香自来。

从客厅走到餐厅，同样的黑白灰基调，设计师以一把橙色的沙发椅打破这一湖春水的平静，犹如游鱼跃出水面，荡起粼粼波光，别有一番意趣。当游鱼落入水中，餐厅回归诗样的宁静，令人身心舒畅。

西厨同样以留白手法打造，留待居室主人以烟火气和为家人忙碌的身影，去构筑成完整的画卷。主卧以黑白灰为主色调，为了避免大面积的黑色带来压抑感，设计师在黑色之间用不同的灰色、咖色过渡，以增强空间的节奏感。同时再以红色、绿色做点缀，颇有"忽如一夜春风来"之感。

女孩房以粉紫色为主，既有柔软的少女浪漫，也有充满张力的时尚感，设计师同样以淡色作为过渡，令浪漫和时尚相融共生，优雅而有质感。

不同的卧室以不同的色彩营造不同的感觉，去对应居室主人不同的个性，父母房以蓝色为主，沉稳而神秘，些许亮色像绵绵春雨，让空间更加灵动。

主卫原是一间卧室，最为精妙的设计在洗手台的镜子上，开合之间，壮阔的山水总能使人停驻。以自然为画，空间就像一个生命体，自有四季伦常，淡然而有力量。

茶，是天地灵气的化身，讲究人与自然的和谐，只有中式的意境才能与之高度相融。在三楼茶室，设计师以白色为底，选择了最为贴近自然的木质材料，幽隐的山脉云雾缭绕间渲染出天地之美。

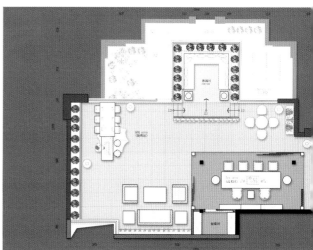

四层平面图

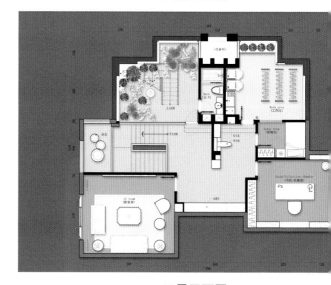

三层平面图

温情 · 容器
三世同堂之宅

项目档案 /Project File

设计单位：ACE谢辉室内定制设计服务机构/设计团队：谢辉、刘元元、左立萍、闫沙丽、唐茜
项目面积：200平方米/摄影师：窦强

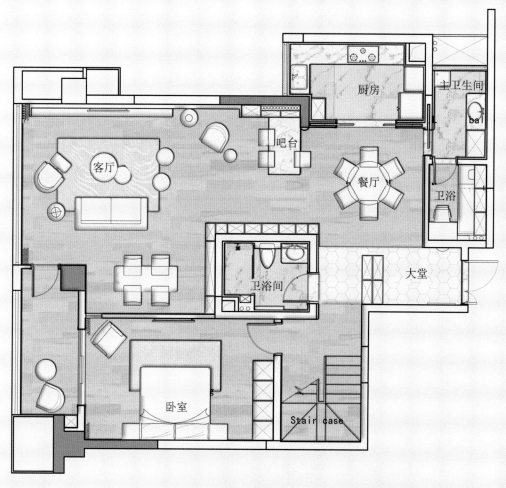

厨房

主卫生间

bal

吧台

餐厅

客厅

卫浴

卫浴间

大堂

卧室

Stair case

一层平面图

设计说明 /Design Description

在家的温情容器里，让爱与呵护流淌。家是有机体，是所有家庭成员之间相互关系的总和。

在这个总和之中，家人与家人之间的情感关联变得至关重要。但家的概念却远不止于此，它还包含着每个家庭成员不甚相同的生活需求和情感表达，以及所有家人在共同体意识下对生活的理解。因此，家在社会形态上更具有容器的概念。

我们在处理本案时，就试图从"容器"和"关系"两个关键词入手，在空间氛围上给这个三世同堂的温馨小居以最大限度的温度感。

在这样一个三世同堂的家庭里，孩子无疑是整个家庭的重心，家居空间也随之成为孩子整个成长过程中最为重要的场所。因此，在本案设计中，孩子的视角被悉心地照顾进来，力图在空间细节上给孩子增加对生活本身的可触性以及趣味性。

如楼梯间从儿童房延伸出了躲藏凹槽，既有利于楼梯间的采光，也是孩子与家人之间互动、游戏、观察的独特渠道。而楼梯间上方的鸟巢设计，也从孩子的视角里将家的概念浓缩进这个小小的细节中，而同时也从视觉上给家中的其他成员做出层高有限的提醒。

主卧室

衣帽间

儿童房

书房

主浴室

儿童房

Stair case

二层平面图

楼梯是连接空间的通道，所有的功能空间都在这里完成转换，它成为空间的交通节点，因此优秀的楼梯间的设计能够在最大程度上反映出空间中人与人之间的关系。包括家人晚归时廊道灯光的设计，家的概念性装置等，都旨在提升整个家居空间的归属感。

老人房安置在靠景观花园的一侧，照顾着老人对静的需求，而同时植物花草的陪伴，也将给老人的生活带来几分悠闲和惬意。

值得一提的是，我们在处理空间色度和温度上十分包容，空间底色随着场景不同在白色、灰色以及蓝色之间辗转递进，在情绪上给空间形态、生活样貌以及节奏奠定了一个相对疏朗的基调，让整个家居空间有了情绪，并能够在各个空间的生活场域中自由流淌。

容器之于家的概念，不应该是一种封闭式的呵护形态，而应该是家庭中具有内在自我循环功能的流淌与酝酿，而爱与呵护便从家人之间的关系互动中自然流露出来，这才是家之于个人的最大意义。

西韵
君荟庭别墅A1户型

项目档案/Project File

设计单位：深圳市李益中空间设计有限公司/项目地点：东莞/项目面积：275平方米/主要材料：木饰面、巴黎灰大理石、拼接大理石、布艺硬包、木地板、玉石、欧亚木纹大理石、皮革硬包、暖白色烤漆板、灰色石材、黑色石材、墙布、米色皮革、艺术挂画、家具皮革等

设计说明/Design Description

东莞君荟庭地处东城传统别墅核心区，远眺黄旗圣山，毗邻黄旗山城市中央公园、虎英郊野公园、峰景高尔夫球场。交通便利，自然环境优越。

在 A1 户型中，设计师所表达的是西方韵味，体现一种闲适生活。生活与艺术同在的起居空间，以细致的设计手法创造奢华品位。

通过大块面不同材质的相互搭配关系，丰富了空间的层次，体现出整体的艺术气质。打造时尚感，营造游走在都市最前沿的轻奢雅致。

墙面亮白色的护墙板加上亮金色钢条组合，简化了欧式复杂的做法，能够体现出当代生活下的欧式高贵情结。

在黑白灰中加入蓝绿色。灰色调的沉稳内敛与蓝绿色调的温婉柔和，成为经典搭配。

干净利落的空间界面及永恒经典的黑白色基调里点缀底蕴深厚的古典元素。简洁的设计与古典的优雅在此碰撞，带来时尚轻奢的空间感受。

设计师以黑白为空间的主基调，点缀华丽的孔雀蓝，尽显灵秀之气。加以明快的黄色，同时散发着独有的明艳与纯粹，共同演绎出家居时尚的经典搭配。

空间整体以灰白色烤漆板为基调，点缀香槟金色不锈钢线条，体现出空间的简洁和雅致。

经典的黑白配在软装布艺和皮革上尽情演绎，加以明快的孔雀蓝及黄色花色和饰品做点缀，使整个空间层次丰富，个性鲜明。

豪宅风格大观 三 极简现代风格

187

静谧暖阳
龙湖·春江彼岸某宅

项目档案/Project File

设计单位: 菲拉设计/设计师: 宋雄飞/项目地点: 杭州/项目面积: 198平方米/主要材料: 水泥砖、涂装板、实木地板、艺术涂料、烤漆板、KD板、墙纸/摄影师: 叶松

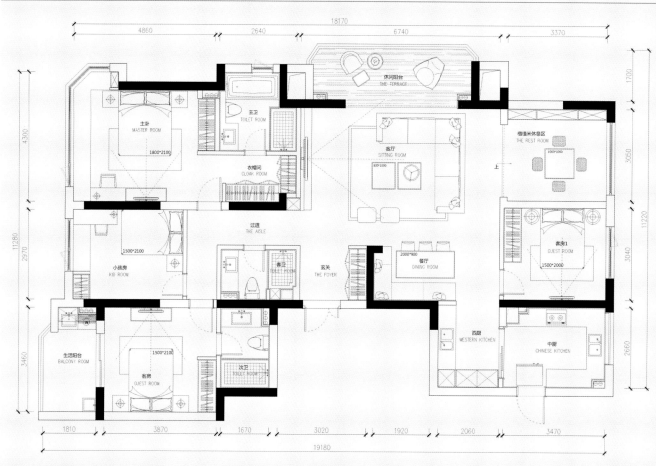

平面图

设计说明/Design Description

"有些人,即使是天天相见也不会相知;有些人,即便是相交甚少也彼此了解。"设计完本案,与屋主坐在新家落地窗前一起喝着冰镇啤酒,享受着我们共同完成的作品,看着他满意的笑容,我很享受这种感觉。设计是一种对生活的全新理解和认识,是设计师与屋主审美互相碰撞出来的产物。一个好的设计需要好的设计师,更需要一个品位相投的客户。

为了能直接有力地传达简洁、温馨、自然的生活理念,设计师遵守了三分硬装七分软装的准则,以传递出温馨的气质,恰到好处地把握留白的比例和尺度。运用大量原木质感家具搭配棉麻的面料,以及无处不在的纯手工装饰摆件、鹿角、毛砖、维京题材的大型油画,等等。

这里属于每个热爱生活的人, 属于喜欢并不太复杂的东西的人, 也属于有梦的人。

"有些事物,它一直都在,你却不曾好好地享有,就像这安静的、温暖的阳光。"

我们每天生活在城市的喧嚣中,忙碌、奔波,甚至因此而忘记去享受生活,去享受那些一直与我们相伴却从未被我们发现的那些细碎的美好。

所以在本案的设计中,设计师更注重于静谧与温暖的表达,在白色与橙色的搭配中,融入了原木这一静与暖的必备要素,恰到好处地向大家呈现了生活中与我们如影随形的"暖阳拂面,化作微风"之感。

稳稳的幸福
天府新区麓湖·隐溪岸

项目档案 /Project File

设计单位：ACE谢辉室内定制设计服务机构/主持设计师：谢辉/设计师：左丽萍、杨帅、唐茜
项目地点：成都/项目面积：500平方米/主要材料：石材、壁纸、涂料、马赛克、木地板、布艺硬包
摄影师：李恒

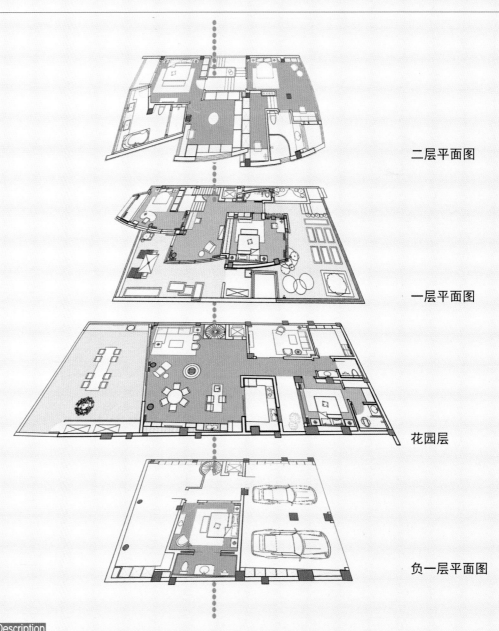

二层平面图

一层平面图

花园层

负一层平面图

设计说明 /Design Description

"我们就是平常人家，家里不需要夸张和华丽的装饰，我现阶段本可以不买这样的房子，但我想给我的家人一个港湾。"

这是本案业主和我们接触时说的一段话，设计师从设计伊始就在思考，要如何营造出符合需求的"港湾"，这样的"港湾"对业主和他的家人又有什么意义？

客户的需求就是我们设计思考的方向，不但要满足每位家庭成员的需求，更重要的一点是如何营造好家庭成员相互交流和建立情感联系的空间。在一个安静、沉稳、放松的环境里，在设计上对老人的生活细节考虑得比较周到，小孩子房间的明亮色彩比较有趣。人是空间里的主体，舒适的生活气息在这个空间里得到释放。

楼梯的处理是本案的难点。我们用负一楼到二楼的旋转楼梯搭配二楼到三楼的双跑楼梯，一个精巧，一个沉稳，它们之间的关系仿佛是女人和男人的关系，女人婀娜摇曳，男人刚直挺拔。楼梯结合楼道中大面的窗体，很好地串联起了四层的室内空间。空间生动有型，细节的处理更值得玩味。

考虑到老人的生活习惯及行动路线，两处花园离他们很近，孙女的房间与老人的休闲室视线相互连接，休闲厅为孩子和老人的相处提供了一处开放的场所。

深入了解业主生活的细节和具体需求时，我们发现这些并不会让我们觉得琐碎与麻烦，我们反而充满了热情。因为通过想象未来居住在这个家里的人的生活场景和细节，可以提前感受到这个家散发出来的爱和淡淡的艺术气息。其实美好的生活和幸福的港湾需要家庭中的每一个人和我们设计师共同去创造，这就是生命中"稳稳的幸福"吧！

现代都市脉动
卢卡小镇别墅样板房

项目档案 /Project File

设计公司：上海无相室内设计工程有限公司/主创设计师：王兵/参与设计师：王建、李倩
项目面积：190平方米/主要材料：意大利木纹石、紫檀木皮、香槟金不锈钢、石材马赛克/摄影师：张静

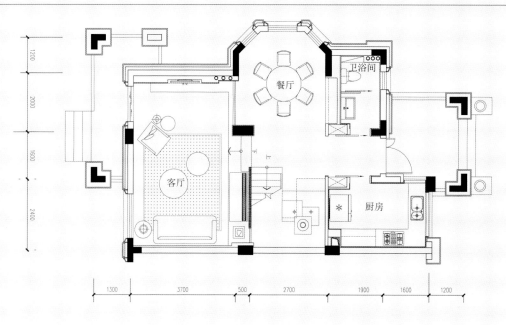

一层平面图

设计说明 /Design Description

对生活之美的不灭热情是创新的不息源头，繁复古典是美，简约现代也是美。设计师王兵从这套别墅所在的地域环境进行考量，定位于对生活有高品质要求的都市中产阶级人士，引入轻松、自在又讲求细节品位的现代精神，并糅合少许东方元素，呈现出时尚又沉静、不羁又内敛的多层次立体空间个性。

设计师通过空间布局反映出居住者的生活态度与品位需求。别墅一层设客厅、餐厅、厨房，进门由走廊连通客厅，走廊两侧分立厨房、盥洗室、客厅、楼梯，动线分明，功能齐备。二层在主卧近旁设中式茶室，茶席凭窗，木为基座，素色窗幔悬垂，花枝、烛台作陪，俨然是独立一方的清幽避世地，让人从喧嚣忙碌的都市节奏中逃离、休憩、重整，聆听内心之声。

都市浮华沉淀后的宁静感受是整体氛围的基调。为此，设计师王兵特别选用内敛又时尚的灰调来塑造这一空间印象，在简洁现代的造型框架内，以多种材质的天然纹理色泽和谐相应或对比碰撞，设计出丰满的细节。

其中，紫檀木作为装饰及家具的表面材料被大面积使用，出现在客厅电视墙、餐厅陈列柜、卫浴间墙面等多处。分隔楼梯和客厅的深色木栅与紫檀木贴面相呼应，添加了少许沉稳的东方质感。而通过香槟金不锈钢电视背景框、咖啡色天鹅绒窗帘、棕色皮革沙发、抽象艺术画等带有西方情怀的元素调配，摩登时代感油然而生，共同构建出一个可以让人细细品味其内涵的个性空间。

在深色木料之外，大块的灰调借助不同肌理的墙纸成为客厅、卧室等空间背景墙的主色调。色调清浅的意大利木纹石、乳白色漆面家具等则被用来协调室内的整体风格，如同在清咖中加入鲜奶，使整个空间变得柔和。此外，以客厅为例，杏色沙发摆上棉、毛、丝质三种抱枕，不仅与地毯的几何图案相映衬，也进一步调和了空间氛围。除了由软装饰品带来的触觉享受，灯光设计将陈设渲染出时尚的氛围，渲染出的温馨光影令都市生活不再如浮光掠影，而给人带来落于实地、有品质的舒适感。

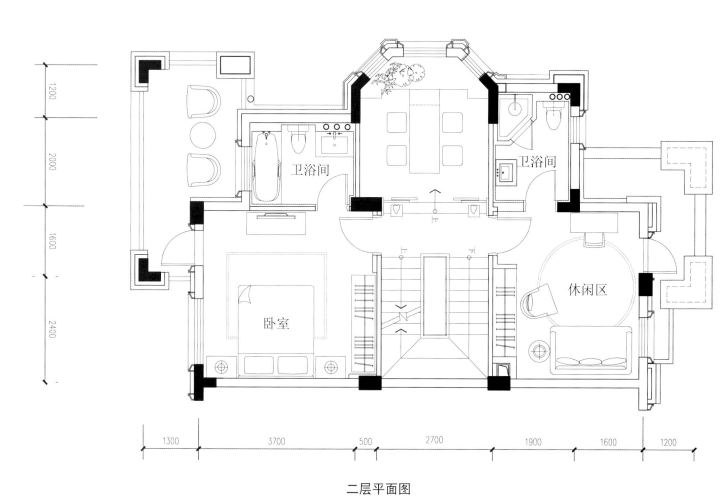

卫浴间

卫浴间

卧室

休闲区

二层平面图

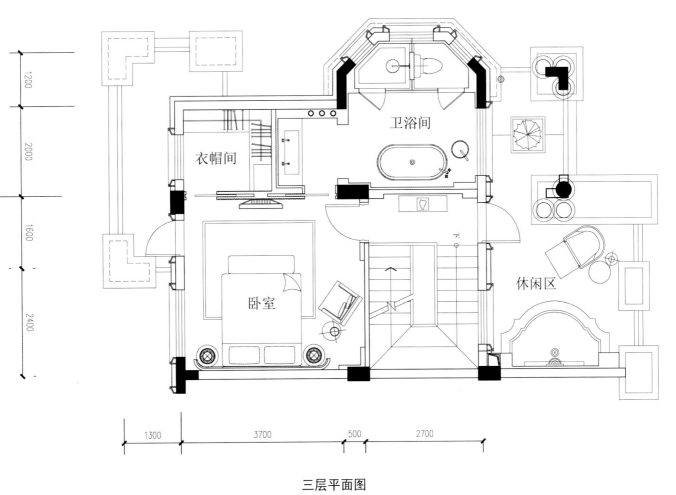

衣帽间

卫浴间

卧室

休闲区

三层平面图

1200

2000

1600

2400

1300   3700   500   2700

豪宅风格大观 三 极简现代风格

绅士的魅力宅邸
C先生私宅

项目档案 /Project File

设计公司：深圳市超级平常空间设计有限公司/设计团队：阳建勋、吴敏文、张磊/项目地点：深圳
项目面积：300平方米/项目施工：刘艮生/摄影师：范文耀

平面图

设计说明/Design Description

简·奥斯汀笔下的传世之作《傲慢与偏见》，使得"达西先生"成为文学史上最完美的"钻石王老五"。他身上有贵族的骄傲，又兼备绅士的克制，其内外兼修的复古魅力超越时代，撩人心弦。

C先生就是这样一位优雅在外、修养在内的熟男精英，对于个人起居有着严谨到骨子里的坚持：3个独立衣帽间，300多双鞋收纳井然；进屋不脱鞋，认为穿拖鞋面对客人不礼貌；不开窗，新风空调使用频繁；不晾晒，衣物都是烘干的……

对于室内的设计细节，C先生的要求丝毫不亚于奢华酒店的严苛标准。为此，设计师专门奔走上海、广州、深圳等地考察家具、材料，并在上海的C先生现居住家中测量各种功能尺寸，为其量身定制这内敛温馨的绅士居所。

全屋以硬朗简练的空间线条勾勒出男人气魄，木质与石材的纹路对比更加凸显静穆之美，开放式的布局在满足功能的基础上营造出大气风范。顶级家具有着无可挑剔的温润质感，弧形的客厅沙发柔化了阳刚的直线，也令宾主更亲近地交流。墙面的艺术挂画打破了空间理性的宁静，而增添

了自由生动的气韵。

西厨是主人使用最为频繁的地方，所以整个房子的选材都是从西厨Armani/Dada的一块饱和度较低的香槟色烤漆板开始，延伸到木地板、木饰面及其他材质的选型。所有颜色都统一在灰香槟色调之内，深浅色系有序地映衬公共及私密空间，营造界而未界的情感体验。

精致考究的外在之下，老绅士隽永的人情韵味和人生沉淀更是无法复制的魅力所在。C先生年轻时闯荡美国做过调酒师，因而爱好藏酒，同时他也爱收集意大利水晶和拍卖画。设计团队的用心可于书房的设计中体现，它并非传统书房格局而是红酒雪茄吧，可以看书、观影、抽雪茄、品酒，陈酿般的丰富与多变完美应和主人的个性尺度。

堪比工业产品级别的施工标准也是对品质感的有力把控，提升了日常家居的生态美学水准。生活本有多种姿态，在安静与喧嚣、独处与共处之间交替，C先生的私宅就似一件裁剪得体、贴身笔挺的西装，容纳下干练的绅士秉性和骄傲本真的自我坚持。

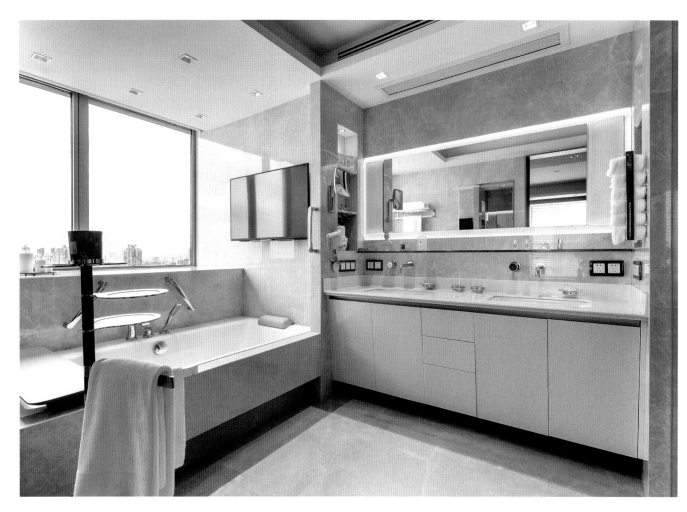

极简·极致
虹梅21

项目档案/Project File

设计公司：上海亚邑设计/设计师：孙建亚/项目地点：上海市闵行区/项目面积：420平方米

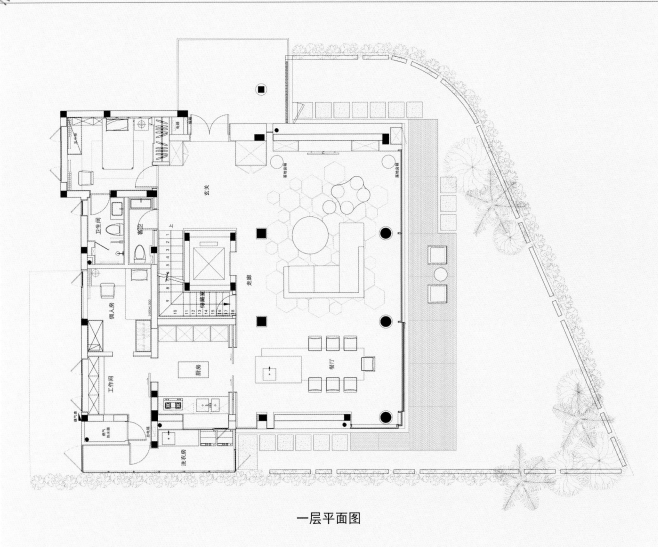

一层平面图

设计说明/Design Description

这是一个斜坡屋顶的老房子改造，又是砖混结构，雨水管、管道井外露，这一切都使建筑改造困难重重，无处下手。但也正因如此，引发了我们对此建筑改造的第一个观念，即全部拆除！只保留屋顶及结构梁柱，如此才可能给我们更宽广的空间，以对此建筑的不合理处重新调整，把我们对理想的建筑造型重新赋予在此老建筑上。

当然在开始设计前，我们已拟定了一个设计方向，就是纯白极简！但没有一个具体的设计造型。我们的造型完全是依势而建，把所有对现代风格不利的条件转变成我们的设计元素，例如：每层渐退的斜屋顶，造成二层三层的窗户只能开在楼板1.1米以上，并且窗户外只能看到屋瓦，掉落的灰尘树叶经年累月无法清理。我们把无用的斜屋顶拉平做成阳台，并且加大落地窗面积，原斜顶外挑的结构屋檐改造成现在看到的内凹斜面造型，于是我们建筑设计的雏形大概就出来了。当然，在付诸实施的过程中有一连串的复杂难题需要克服，从一楼到三楼我们拆了三根柱子，补了无数的梁，克服外墙GRC造型固定及防水问题，还有外墙灯光的隐藏、三米宽电动落地玻璃门的施工、超大无框中空玻璃的气密及固定问题等等。其实这一切问题的核心都是围绕着我们的共同目标——减少一切多余线条，隐藏淡化一切看得到的机能。

215

因为老建筑本身高度不高，我们希望在一楼客餐厅能有从容的视觉体验，并且最大量融入户外庭院景观，但又尽量减少对二楼使用的影响，所以靠窗边做了一个较窄的挑空，增加视觉的延伸。另一个作用就是因为在此南面庭园外侧有一排三层楼高的小区景观植物，阳光无法直射至一层客厅，所以我们选择在此处打开楼板，在早上10点左右光线可以透过二楼的玻璃直射至一楼客厅，在格栅遮挡下形成有序的光斑。

此案业主为留学海外的美术广告创意人，也极具美学想法。在此案设计过程中，业主几乎每周都会出去看一些画展和采购家具及配饰，并且随时拍照与我沟通，我平常看到合适也会及时通知业主，双方极具默契！所有的东西都是双方满意了才会决定购买。我们掌握一个原则就是陈设本身就是空间组成的一个部分，这个空间包容性是大的，放进什么就

是什么，所以不能过分地表现陈设的华丽精彩，更要注重与极简环境的融合，随着季节与时尚的脚步，变换陈设的内容即可达到焕然一新的效果。

在外墙光线的使用上，我们注重在单一角度光线上所能体现的立体化光影。利用建筑外凸的盒体在内凹处下口往上打灯，能形成极具建筑结构感的高反差效果，但不影响其他盒体外部的阴暗面。由此，能在主要立面视觉上借由暗部墙面点缀上与建筑直线方块迥异的圆形气泡，形成一个视觉焦点，并且我们将所有光源全部隐藏起来，达到一个较为虚幻的效果。室内部分我们注重白天的自然光照明，每个区域的房间采光都非常好，夜晚的光线则注重重点照明，因为白色的空间不需要过度的照度，把光线打在需要被照亮的物体或墙面上，利用漫反射过渡照亮一些次要空间即可。

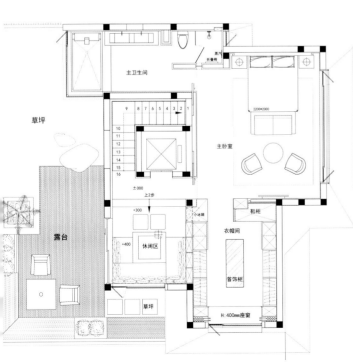

负一层平面图

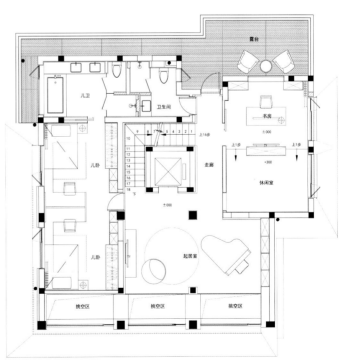

二层平面图

自然与清澈
昆山某宅

项目档案 /Project File

设计公司：上海无相室内设计工程有限公司/空间设计师：王兵、徐洁芳/软装设计师：李欣
项目地点：苏州/项目面积：1200平方米/主要材料：白色乳胶漆、橡木原木、白色玻化砖、壁纸
摄影师：张静

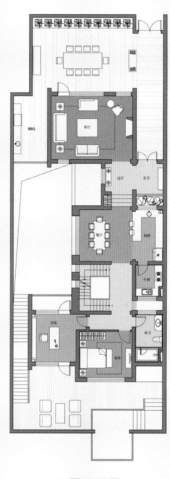

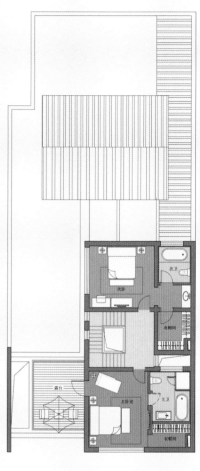

一层平面图　　　　　　　　二层平面图　　　　　　　　三层平面图

设计说明/Design Description

本案从属于政府的留学归国人才奖励项目，其中包括一批从北欧归来的留学人士，因此空间从一开始就定为简约、自然、实用的现代风格。室内地面二层，地下一层，设计师除了在色调、材质、装饰方面原味呈现出现代风情之外，还从居住者的生活习惯出发，对动线安排、空间互动方面进行了独特规划，深度展现了他"传承与创新"的设计理念。

"好的建筑是从土里生长出来的。"现代建筑领域里，美国建筑大师弗兰克·劳埃德·赖特提出的"有机建筑"理论将建筑视为树木，要扎根土地，与环境一体，有自己的生命力。这种贴近自然的思考将建筑和环境及风土文化紧密地联系在一起，以科学、合理的功能性探索来实现，也遥遥呼应了东方自老子以来所倡导的自然哲学。建筑要契合环境，好的室内空间同样要与建筑浑然一体，王兵正是基于这一原则，从使用功能、生活习惯等人居角度出发，在现代建筑背景中给出舒适、好用又兼具美感的生活方案。

豪宅风格大观 三 极简现代风格

林语
武林国际

项目档案 /Project File

设计单位：菲拉设计/设计师：宋雄飞/项目地点：杭州/项目面积：198平方米/主要材料：橡木地板、护墙板、皮质沙发、KD板、大理石、黑色五金件

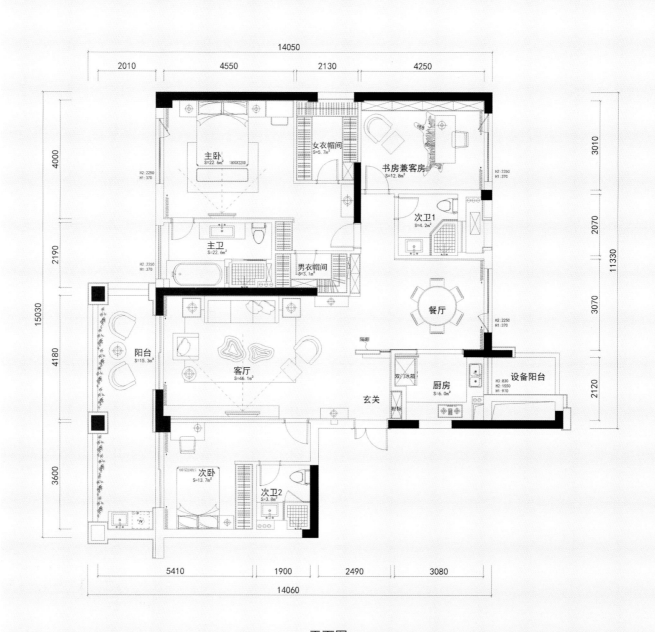

平面图

设计说明/Design Description

此案例业主为两口之家，属于年轻的都市精英。业主夫妻二人对自己家的要求很"简单"——台式风格，干净整洁，易打扫，物件随意放却不显乱。虽然要求看似简单但却非常考验设计师的经验以及对台式风格的理解。客厅主卧整屋吊顶均采用点光源照明，大体块与线条的结合穿插设计，用色上干脆鲜明，整体以柚木色和白色为主调，黑色局部衬托。

阿玛尼的邂逅
重庆某宅

项目档案 /Project File

设计机构：HUA ART华筑壹品艺术品/软装陈设机构：SUN设计事务所/设计师：孙洪涛、张志娟、刘倩/项目地点：重庆

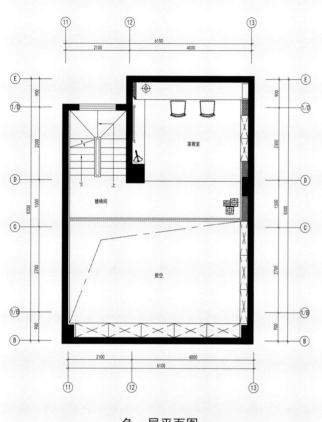

负一层平面图　　　　　　　　　　　　　负二层平面图

设计说明/Design Description

客厅

本案选用了庄重、沉稳、优雅的Armani为主题，试图塑造一个简洁干练，又不失优雅内涵的家。

所以设计师选用了火山岩的灰色、接近于沙的白色、神秘的黑色、岩石的灰褐色、古铜色等低调中性的色彩，通过不同触感的纺织面料来诠释房子主人的沉稳与干练、优雅与柔美。此外，还融合了金属的硬朗，彰显不同的质感和力道。
各种细节精致，不同质感的纺织品、典雅深厚的色彩无一不为这深邃的空间增加魅力。

更令人惊叹的是设计师选用了元代画家黄公望的《富春山居图》作为客厅的彩头，在层峦叠嶂之间放置了一尊晶莹剔透的玉玲珑，其意境之深远令人赞叹。

餐厅

山水写意的水晶灯带来的摩登感与错落的线条散发的韵味，为餐厅平直的布局增添了变化。

地下室

设计师利用地下室的优势，为客户营造了一个充满艺术格调的会客区，时尚休闲。浪漫的水晶灯成了空间的主宰者，在空中，在灯光闪烁间，散发着阵阵柔美与摇曳的光晕；明亮的柠檬黄色不但让人精神愉悦，更成为视觉焦点，时尚感十足。

线条感十足的硬装为本案的软装做了极好的铺垫，艺术陈设成了空间的关键要素，身体宛如游走在艺术圣地中，进而转化为令人愉悦的经典之"家"，为我们开启了一个全新的视角。

Furniture

D&D

Furniture

Furniture

一层平面图　　　　　　　　　　　　　　二层平面图

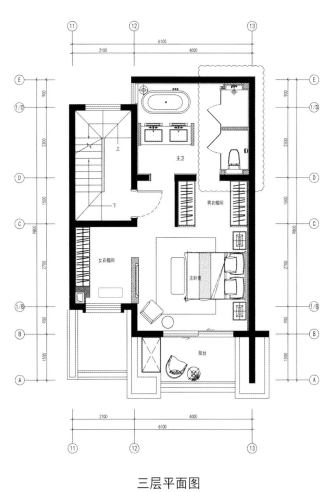

三层平面图

春暖花开
阿那亚海景壹户型

项目档案/Project File

设计机构：大勺国际空间设计/设计师：林宪政/软装设计：上海太舍馆贸易有限公司
项目地点：秦皇岛

设计说明/Design Description

阿那亚的空间可以是个博物馆，要有一定仪式感，它可以让你的生活升华，更能进入情境。

从做设计的角度，我觉得应该有一种中间的可能。这个空间不需要那么漂亮，不用贴金戴银有很多装饰，像一个车库就好，不用太精致，也不怕弄坏掉，在那里可能会放置很多与个人记忆有关的收藏品。我在台北的家就是这个样子。

在阿那亚，我们希望提供这样的空间，里面摆什么东西不重要，重要的是在这个空间，他可以得到心灵的寄托。我曾经写过一篇文章，题目叫《家是一个藏污纳垢的地方》。家不一定需要漂漂亮亮，你可以摆满与你的记忆有关的东西，比如，一对情侣最后分手，互相把各自的东西归还，还真不知道把这些东西放在哪里，那么就放在阿那亚好了，因为我也有过这样的时刻。

纪念性也好，仪式感也好，我理解为看和被看的过程。其实现在人都需要一个躲起来的空间，不在于这个空间的大小。现代人很少有机会真正独处，大部分时间跟其他人一起。无论是与工作伙伴还是家人，都是群居的，那么他就需要一个独处的空间，这个空间是他自己看自己的空间。我自己就这样，每周至少会有一天或半天的时间独处。自己跟自己对话，是一件重要的事情。

至于被看，那个空间至少是漂亮的。就像女生有很多漂亮的衣服，就应该摆在一个蛮漂亮的地方，如果这个空间不够漂亮，她不会觉得自己有多么重要。这就是看和被看的关系。无论是纪念性还是仪式感，它肯定有自己的设计方式，比如线条、挑高、光线洒进来，但它最终肯定和个人的记忆有关。我希望客户可以把自己的心放进去。

243

247

面朝大海
阿那亚海景贰户型

项目档案/Project File

设计机构：大勺国际空间设计/设计师：林宪政/软装设计：上海太舍馆贸易有限公司
项目地点：秦皇岛

设计说明/Design Description

我们在做这次设计的时候，不太找共性和均值的信息，我们在意的是我们的目标客群，他们看到时能读懂我们在做什么，这才是最重要的。我们考虑的是，我们做的是否够绝对。

阿那亚的环境很特别，是在海边，当你被大海所包围，人的感觉会不同。所以我们设计时两面都是通透的大玻璃窗，你可以彻底无碍地看海。

我们还特别在乎空间的高度，一般的住宅不太注重这些，但这里则不同，大家看图纸就会明白这一点。还有光线要好。我们不希望太阴暗，我们倡导清新明亮的世界。

最有趣的是，这个空间提供了三个看海的高度，一个是刚进来的高度，一个是上到或下到主厅的高度，一个是上到夹层的高度。三个高度都可以看到海景，这是它最特别的地方。

我们更多地考虑了男人，让他在这个空间可以撒野，做些幼稚的事情。我觉得男人更像小孩，

心智比女人更幼稚。正因为这样，我们舍弃了一般住宅厅房的功能，而是放大了某些空间，像4.2米的挑高等。希望这个空间定制好之后，客户可以自由发挥。它真的很像一个小型的私人的画廊。我们提供的是一个在他现在的住宅做不到的事情，不仅功能上做不到，心理上也做不到，这才是最关键的。真正的功能性空间必须承载各种生活，要向现实妥协、打折，到最后，可能连自己都失守了。

也许有人会问，设计度假公寓，厨房有那么重要吗？我觉得这很重要。我们都有体验，在男女恋爱时期，男生至少都会献一次厨艺，我觉得那是一种趣味。尽管婚后厨房就变成了女主人的办公室，但我希望阿那亚的厨房能让男生某天对女生说，今天我要好好做一顿"泡面"大餐给你吃。我觉得，男人就应该有这种腔调。在这里，厨房也变成了一个仪式感空间，用来建立亲密关系。这个空间不仅要把自己喜欢的收藏摆进去，而且也要把这种趣味和腔调也放进去，所以，我打造这个空间的时候还蛮开心的。

黑白灰的诗意
福州某宅

项目档案 /Project File

设计单位：大成设计／设计师：解苏霆／协作设计师：陈圣钟／项目地点：福州／项目面积：270平方米
主要材料：木皮、石头、钢板、漆／摄影师：李迪

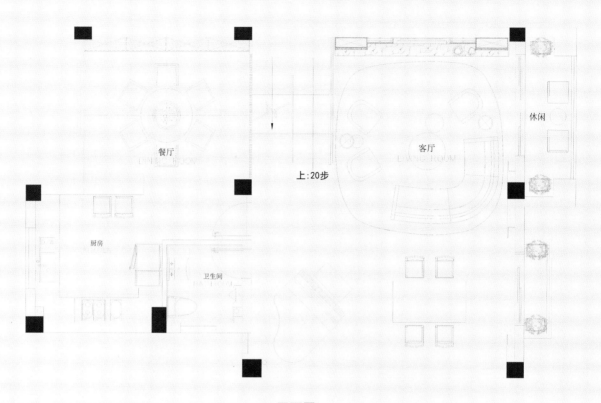

平面图 1

设计说明/Design Description

黑、白、灰是本案的主色调，黑色的凝炼、白色的纯净、灰色的调和，在三者的交互下隐藏着更深层的欲望，使得空间像一首冷峻而炙热的诗。

极具设计感的现代空间搭配黑暗中透着冷冽的壁面，不经过任何处理的木皮保持天然的肌理，呈现原汁原味的美感。所有的材质本身都有自己的情绪和记忆，设计师如何巧妙地将每一种情绪、记忆应用在空间中是一件非常重要的事。

一抹不经意的金色，透着暖意；阳光洒落 Togo 椅面，慵懒而充满趣味；块状的自然木铺造的不规则天花板，令空间增色不少。微风吹拂着白色的百叶窗，巨大的落地玻璃窗完美地呈现绿意盎然的世界，悠悠的精油香，带来的是柔和的分子。

楼梯设计摒弃了传统的处理手法，扶手采用简洁

的灰蓝色钢，沉稳而内敛，与主人的严谨作风相辅相成。大块面的石材贯穿三层，空间的延续性得到很好的保证。从高处俯瞰下方，整个空间既像一个厚实的臂膀，又似一处港湾，使心灵得以栖息。

钢隔断，承载着餐厅与客厅自然分区的功能，不规则的钢板倾斜排列，既能让空间多一分趣味，又可以将餐厅的自然光引到楼梯。

金色是近年大热的家居配色，为装饰风格注入一丝轻奢与浪漫主义。玫瑰金耀眼而带有亚光质感的色调像沙漠中的落日余晖，既有高级感，又不失时髦。下方的圆桌运用了皑皑白雪一般的卡拉拉白，有如玉的滋润，散发出高雅的气息，仿佛置身于静谧的时空里。

257

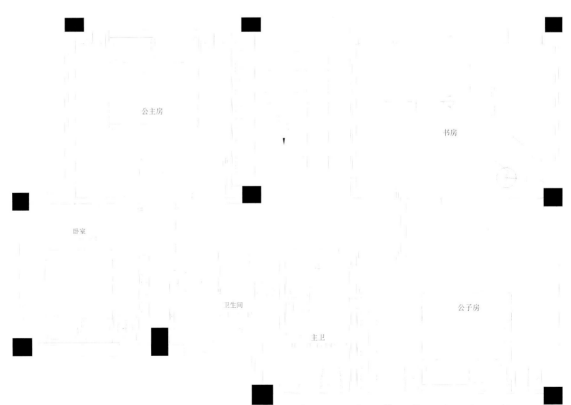

公主房

书房

卧室

卫生间

公子房

主卫

平面图 2

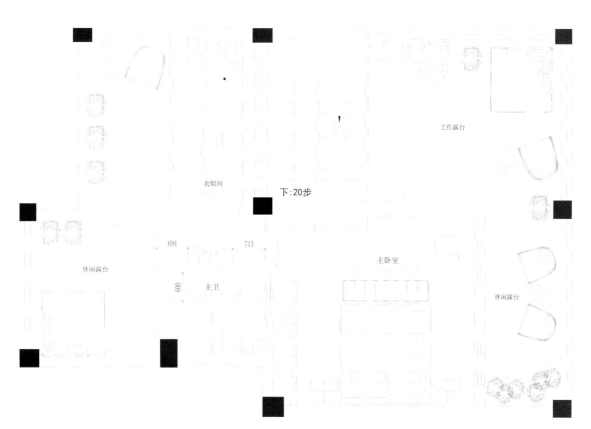

工作露台

衣帽间

下:20步

694   713

主卧室

600   主卫

休闲露台

休闲露台

平面图 3

经典、神秘、霸气，铸就了高级黑永垂不朽的神话。书架统一使用黑色，成熟稳重而又不失韵味，看似没有温度的外表下隐藏着炽热的内心。轻薄的钢板边缘，就像横纵交错的线条，只一眼，便能让你无药可救地沦陷。

设计师有意将书房的一堵墙换成玻璃与钢的结合，室外的光在走廊、楼梯间"放肆"地流窜，略有几分"浮光掠影"的意思。

卫生间与衣帽间相连，缓解空间的局促感，同时规划了干湿分离区，为主人省去后顾之忧。

蓝色代表着纯净与求知，如一望无际的大海、等待人们探索的宇宙、秋日的天空等，是一种美好的愿景。儿童房以蓝为主色调，与米色混合，给人以柔和的感觉，缓解了空间的沉闷。加入玛瑙蓝装饰，增添了一丝跃动感。

安徒生说："仅仅活着是不够的，还需要有阳光、自由和一点花的芬芳。"在每一个闲适的周末，惬意地躺在Ligne Roset 大床上，看和煦的阳光懒懒爬进窗子，开始美好的一天。灰调的窗帘和素净的薄纱是优雅风情的最好物品，温暖的气息在深与浅的碰撞中造就出一个诗意的存在。

极简生活
浦江F House

项目档案 /Project File

设计单位：壹舍设计（上海）室内设计有限公司/设计师：方磊/参与设计：朱庆龙、耿一帆、李斌、高佳慧/项目地点：上海/设计面积：240平方米/主要材料：橡木染色、白色石材、喷砂金属、STUCCO墙面漆/摄影：Peter Dixie

一层平面图

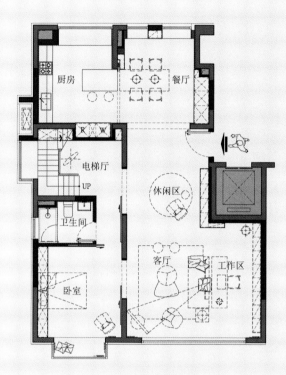

二层平面图

设计说明/Design Description

该项目为顶层复式公寓，原有格局比较常规，所以在功能上做了较大的改动。

最终完成后，有很多的朋友或访客提出疑问，比如："完全开敞式厨房是否适合中餐烹饪？""楼梯栏杆会不会很危险？""大面积的灰色会不会不够温馨？"等等。其实我坚信，对于居住空间的定义，100个人会有100个不同的理解，从人员构架、设计风格到个性喜好等都是"家"的空间构成元素。

从事设计行业多年，我并不喜欢把空间局限于某种特定的标签与符号，而是更多去关注设计的本质和空间给人的体验感。设计自己的家更是如此，没有太多的所以然，符合自己的生活方式就

是对家的本真定义。

设计的最初时期，其实是有些纠结的过程，比如是否需要保留多一些的卧室空间：虽然是属于自己的独居空间，不过还是要考虑亲友的短暂居住，以及常规的餐厨关系等。最终还是用建筑设计的手法，以套口的构成元素作为切入点，对空间进行彻底的改造与分解，将大部分的非承重墙拆除，重新架构，利用原有承重结构为基础呈现室内设计元素，让各个空间关系的互动性更强。

喧嚣的城市生活，现代与未来交织的情境中，设计由简约而产生出理性、秩序与专业感。没有过多的装饰物或其他杂物，空间成为主导者。无论是何种风格，存在的意义更重大。

263

亦简亦潮
上海中鹰黑森林秦公馆

项目档案 /Project File

设计单位：壹舍设计（上海）室内设计有限公司/设计师：方磊/视觉陈列：李文婷、王丹娜
项目地点：上海/项目面积：231.8平方米/主要材料：黑色拉丝金属、白色哑面烤漆、氟碳烤漆、胡桃木染色、皮革/摄影师：Peter Dixie

平面图

设计说明 /Design Description

秦公馆户型为大平层，横厅串联其主次关系，其他功能区域有序分布于两端。设计师通过强调空间的比例与布局，进退有度地诠释出现代生活主张。"设计需要回归生活，功能布局与家居细节应满足业主二人的实际需求。我不断将灵感分解与重组，思考如何让这个家变得更温暖、更随性，让简约、舒适、自然的感觉流淌在空间的每一处。"设计师方磊如此解析其设计主旨。

由玄关入室，便可直观感受空间的开阔性。偌大的落地窗尽揽四周美景，优化入户的第一观感。设计师弱化了区域结构与色彩，通过一组白色Flos吊灯，恰到好处地将虚实关系勾勒出来。

明亮的光线倾洒于桌面，令餐厅充满惬意的气息。休息区作为连接餐厅与厨房的纽带，由沿立柱两侧依势打造的等宽吧台而形成，既规避了原

始结构中立柱的限制，也带来了就餐环境的多样化体验。

玄关柜处原始空间结构是三折阶梯状，这是本案的设计难点。延伸至顶面的亚光烤漆材质柜门内暗藏抽拉式柜体，完美整合了原始空间结构，将储物功能隐藏在线条背后。女主人的包包便放置其中，兼顾实用与美学的意义。

在吧台的一侧，设计师精选了Nomon挂钟与Christian Liaigre长凳，简约线条散发无限张力，人们可在此驻足思考、小憩，又不影响动线。

简约意味着用更少的东西打造更耐人寻味的环境。设计师方磊认为："简约是一种更高层次的创作境界。在满足功能需求的前提下，将空间、人及物进行合理的组合。"

横厅中的两个立柱为原始空间结构，在空间划分上是颇为棘手的设计难点。因此，设计师方磊定制了拐角沙发巧妙地围合立柱，形成客厅。清透的薄纱窗帘可依据生活场景灵活调整，室内光线也随之变化。沙发旁摆放的限量版 KAWS 玩偶无疑能给客厅增加趣味性与灵动感，不经意间彰显业主的个人风格和品位。

电视背景墙采用拉丝面深色金属板，营造不一样的视觉效果。其上的白色陈列架则令色彩的变换充满韵律，这一黑一白间，对比鲜明却和谐共生。沙发后的边桌既可以陈列饰品，又弥补了沙发后面的空白区。少许精致的艺术品点缀，活跃了空间精神层面的表达。

男主人爱收藏玩偶和潮牌商品，设计师定制了整墙柜体作为收藏区。置物架上几抹清新的色彩散发出年轻气息，风格别致的 Artemide 折臂灯与 Flos 枪灯刚柔并济，混搭出别样趣味。扭动开关，整墙藏品随之照亮，宛如男主人精神乐园的展厅。

女主人的工作室内一张书桌临窗而立，轻透的空间令思绪得以放松。沙发床的布置颇具匠心，可供亲朋好友短暂居住。设计师通过使用不同家具进行搭配，调和空间所带来的生活体验，简洁利落，女主人的细腻与热情也都融在这方小天地中。

275

心的悸动
东海府江天墅

项目档案/Project File

设计单位：众设计/设计师：David（张伟）/项目地点：宁波/项目面积：256平方米/主要材料：明镜、灰镜、石英砖、木纹砖、烟熏橡木地板、爵士白大理石、胡桃木染黑、亚光钨钢

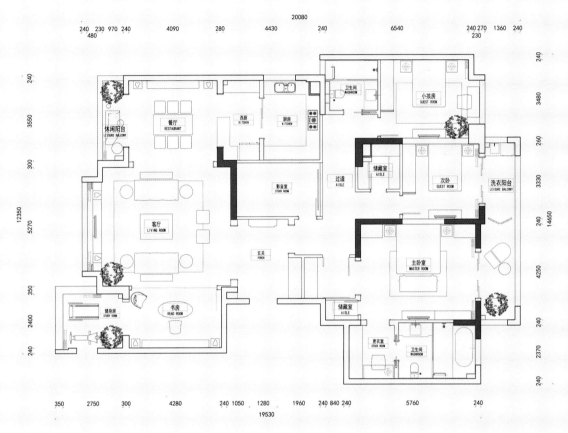

平面图

设计说明/Design Description

入口进门处的翡冷翠石材选用乱纹以常规拼法组合，粗犷未经刻意修饰的质感自然地和公共区域的烟熏地板做了衔接。

客厅区域拥有非常不错的视野和景观点，设计师特意把整个窗体改造为大宽幅的钢化夹胶玻璃以强化外部景观优势，无论是傍晚的万家灯火亦或是清晨的几叶扁舟，只需要轻轻地打开百叶窗，就会让业主有融入自然的感觉。客厅墙面的胡桃木染黑和爵士白石材搭配橙色的极简沙发以及ZUNY皮革玩具的可爱造型，突显业主带给设计师那种雅痞又不失童趣的感觉。

餐厅空间细腻的冷轧钢板氟碳漆与粗犷的天然毛石形成强烈对比，构成微妙的平衡状态，水泥反而成为细腻而温润的材质表现，配合北美胡桃木餐桌和皮质餐椅的过渡，整个空间仿佛在自然与科技中寻找到了一个平衡点。

阅读区中设计师将原来的平面布局改为开放式的陈列空间，在旁安置一个错落的胡桃木书柜，将北面阳台打通串联，形成室内与室外空间相互延续贯通。

再漫步到主卧，设计师用橙色的皮革构筑出一个圆弧背景，配合充满英伦绅士味道的黑白方格墙纸和黑色皮质编织床、精致的珊瑚画，把主人的性格体现得淋漓精致，静区的过道在白天只需要打开房门，浅浅的阳光就会由改造后的南阳台落地窗蔓延进来，明亮、温暖。

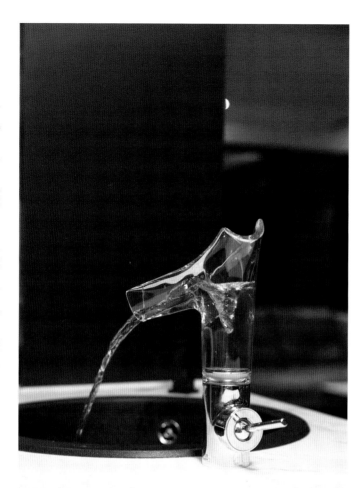

皇璧
香港某复式住宅

项目档案 /Project File

设计公司：Danny Cheng Interiors Limited/设计师：郑炳坤（Danny Cheng）/项目地点：香港
项目面积：356平方米

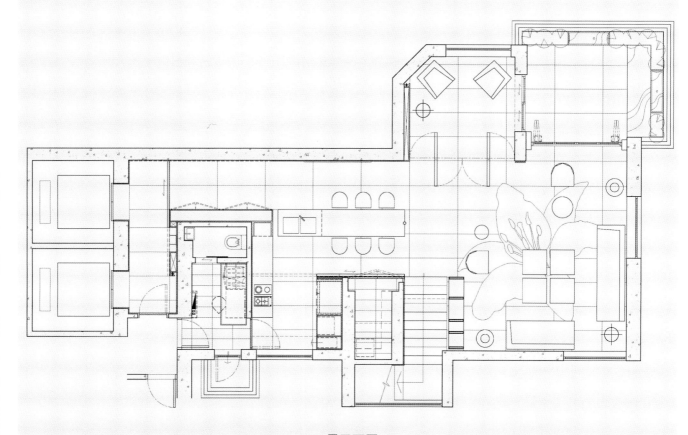

一层平面图

设计说明 /Design Description

一扇电动大门带你走进这个气派的居室，大门旁的镜墙在增加空间感的同时，映照出饭厅的景象，颇有趣味。开放式的厨房配以设有洗手盆的长方形白色餐桌，营造出开放的互动氛围。木皮条子旋转门成为客厅的焦点，可将客厅划分出一个隐私度较高的空间给屋主或客人。全高镜钢电视柜除了有摆放东西的实用价值外，亦可以提升客厅的格调，突显楼底高的优势。设计师以云石作客餐厅的地台，户外的露台也以云石为材料，营造出高雅时尚的感觉。客厅的花形图案地毯配合露台的植物、流水声，增添了大自然的气息，营造出写意的气氛。厨房、饭厅和客厅均没有间隔墙身，整个空间富有通透感及连贯性。

楼梯及睡房层铺设了木地板，棕色为主的色调为休息的空间营造出和谐温暖的氛围。床头背景墙以扪布作墙身，使其更加舒适。偏厅提供充足的空间给屋主休息，放松心情。花形图案地毯为主人房增添生气，亦与客厅相呼应。以木皮作主要物料的衣帽间，充分地利用空间，令屋主可摆放大量衣物。配合玻璃面的独立柜可陈列首饰、手表等饰物，美观与实用并重。

经过精心的设计及布局，本案展现出独特的气质，为业主打造出了一个完美的舒适居所。

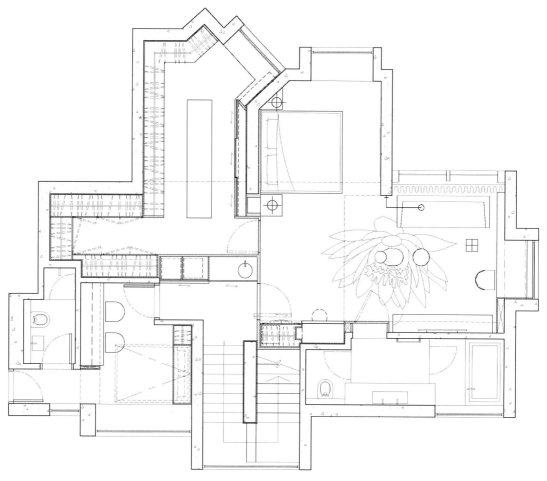

二层平面图

图书在版编目（CIP）数据

豪宅风格大观. 极简现代风格 ／ 海燕，陶陶编. ——
南京：江苏凤凰科学技术出版社，2019.3
　　ISBN 978-7-5537-9768-7

　　Ⅰ．①豪… Ⅱ．①海… ②陶… Ⅲ．①住宅－室内装
饰设计 Ⅳ．①TU241

　　中国版本图书馆CIP数据核字(2018)第239804号

豪宅风格大观　极简现代风格

编　　　　者	海　燕　陶　陶
项 目 策 划	凤凰空间
责 任 编 辑	刘屹立　赵　研
特 约 编 辑	彭　娜　章山川　赵萌萱

出 版 发 行	江苏凤凰科学技术出版社
出版社地址	南京市湖南路1号A楼，邮编：210009
出版社网址	http：//www.pspress.cn
总 经 销	天津凤凰空间文化传媒有限公司
总经销网址	http：//www.ifengspace.cn
印　　　刷	深圳市雅佳图印刷有限公司

开　　　本	889 mm×1 194 mm　1／16
印　　　张	18
版　　　次	2019年3月第1版
印　　　次	2019年3月第1次印刷

标 准 书 号	ISBN 978-7-5537-9768-7
定　　　价	298.00元（精）

图书如有印装质量问题，可随时向销售部调换（电话：022-87893668）。